Bewegtes Lernen im Fach Physik

Klassen 6 bis 10/12

Didaktisch-methodische Anregungen

2. neu bearbeitete und erweiterte Auflage
unter Mitarbeit von Reimund Linkert

Christina Müller · Christiane Cyriax

Academia Verlag Sankt Augustin

Die Deutsche Bibliothek – CIP-Einheitsaufnahme

Bibliografische Informationen Der Deutschen Bibliothek
Die Deutsche Bibliothek verzeichnet diese Publikation in der Deutschen Nationalbibliografie: detaillierte bibliografische Daten sind im Internet über http://dnb.ddb.de abrufbar.

ISBN 3-89665-740-4

2. neu bearb. und erw. Auflage 2018

Waldseestraße 3-5, 76530 Baden-Baden
Internet: www.academia-verlag.de
E-mail: info@academia-verlag.de

Printed in Germany

Inhaltsverzeichnis Physik Klassen 6 bis 10/12

Einleitung

6 **Weltbild**	7 **Übergreifend**	7.9 Grundbegriffe (6-10/12)
6.1 Alles dreht sich (11)	7.1 Teilchenmodell (6-10)	7.10 Ich merke mir ... (6-10)
6.2 Unser Planetensystem (8-10/12)	7.2 Rechne um! (6-8)	7.11 Sprüche finden (7-10/12)
6.3 Diskutieren – einmal anders! (8-10/12)	7.3 Richtig oder falsch? (6-10/12)	7.12 Bewegte Vorträge (8-10/12)
	7.4 Lückentexte (6-10/12)	
	7.5 Wer gehört zu wem? (6-10/12)	Arbeitsblätter
	7.6 Erkläre! (6-10/12)	AB 1: Energie im Alltag
	7.7 Wir spielen ... (6-10/12)	AB 2: Ausbreit. von Schwingungen
	7.8 Was ist das? (6-10/12)	AB 3: Stationen zur Leist.messung
		AB 4: Kräfte

Unser Dank gilt folgenden Wissenschaftlern und Kollegen, die mit ihren Ideen und fachlichen Ratschlägen die Überarbeitung der Beispiele unterstützten:

Herr Prof. Dr. Wolfgang Oehme, Universität Leipzig, Fakultät für Physik und Geowissenschaften
Frau Kristin Müller, Humboldt-Gymnasium Radeberg (Projektschule „Bewegte Schule")
Frau Bärbel Wieruch, Mittelschule Tharandt (Projektschule „Bewegte Schule")
Frau Anamone Tscharntke, Schule zur Lernförderung Großenhain (Projektschule „Bewegte Schule")
Herr Dietmar Lindner, Schule zur Lernförderung Flöha (Projektschule „Bewegte Schule")

Unser Dank gilt auch den Physiklehrkräften der Schulen, die uns bei der Überarbeitung zur 2. Auflage unterstützt haben.

Bewegtes Lernen als Teilbereich einer bewegten Schule

Kinder und Jugendliche brauchen Bewegung, um sich in ihrer Gesamtpersönlichkeit harmonisch entwickeln zu können. Bewegung ist das Medium, die Umwelt zu erkennen und zu gestalten (Grupe, 1982, S. 72). Durch Bewegung nehmen die Heranwachsenden ihre Umwelt differenzierter wahr und sammeln vielfältige Erfahrungen. Bewegung unterstützt das kognitive Lernen durch eine verbesserte Konzentrationsfähigkeit, die Schaffung eines zusätzlichen Informationszugangs über den „Bewegungssinn" sowie die Optimierung der Informationsverarbeitung. Bewegungssituationen bieten für Schülergruppen vielfältige soziale Lernmöglichkeiten, bei denen die Wechselseitigkeit von Geben und Nehmen ausgewogen realisiert wird. Des Weiteren besteht ein Zusammenhang zwischen als befriedigend erfahrenen Bewegungshandlungen und positivem emotionalen Erleben. Bewegung kann einmal aktivieren, hat aber auch eine beruhigende und stressabbauende Wirkung. Dadurch werden Gesundheit und Wohlbefinden gefördert. Bewegung ist eine Voraussetzung für die motorische und gesunde körperliche Entwicklung. Durch Bewegungssicherheit kann die Unfallhäufigkeit gesenkt werden. Die Erprobung von Bewegungsabläufen, eine realistische Selbsteinschätzung und das Erleben eigenen Könnens, aber auch eigener Grenzen, tragen wesentlich zu einer befriedigenden Selbsterfahrung bei. (Müller, 2010, S. 20-30)

Kinder und Jugendliche haben aber zu wenig Bewegung, denn sie sind in Abhängigkeit von ihren individuellen Bedingungen von einer zunehmend von Bewegungseinschränkungen charakterisierten Welt umgeben. Als zentrale Stichworte können gelten: Einengung und Spielfeindlichkeit der Bewegungsräume, Dominanz bewegungsarmer Freizeittätigkeiten, Tendenz zur „Verhäuslichung" und damit Rückzug aus dem Bewegungsraum Natur u. a. Der Zustand dauernder Bewegungsunterdrückung wird noch verstärkt durch einen den Schulalltag häufig bestimmenden typischen „Sitzunterricht". Folgen sind zunehmende gesundheitliche Schwächen und Schäden (Haltungsschwächen u. a.), Konzentrationsschwäche, Hyperaktivität, Auffälligkeiten im Arbeits- und Sozialverhalten, erhöhte Aggressivität, eingeschränkte Leistungsfähigkeit, Unfallhäufigkeiten. (Müller, 2010, S. 31-34)

Ansätze zur Problemlösung zu finden, ist ein gesamtgesellschaftliches Anliegen, in das sich unterschiedliche Ebenen einzubringen haben. Schule sollte insgesamt den Bewegungsaktivitäten der Kinder und Jugendlichen mehr Raum bieten und konsequent ein Lernen mit allen Sinnen, also auch dem Bewegungssinn, ermöglichen. Deshalb muss Schule in diesem Sinne zu einer **bewegten Schule** werden. Folgende Bereiche einer bewegten Schule können ausdifferenziert werden (Müller & Petzold, 2014, S. 36):

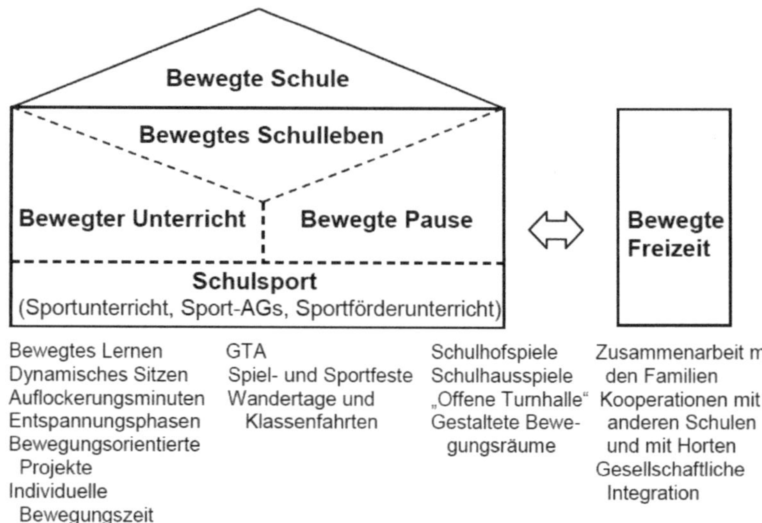

Die vorliegenden didaktisch-methodischen Anregungen beziehen sich auf den Teilbereich bewegtes Lernen, der in einen bewegten Unterricht eingeordnet werden kann. Verbindungen zu anderen Bereichen werden angedeutet. Die einzelnen Karteikarten können herausgetrennt und den jeweiligen Unterrichtsstunden zugeordnet werden.

Zusätzliche Informationszugänge durch Bewegung

Als Lernkanäle werden hauptsächlich der akustische und der optische Analysator genutzt. Über den Bewegungssinn (kinästhetischer Analysator), dessen Rezeptoren über den gesamten Körper verteilt in den Muskeln, Sehnen, Bändern und Gelenken liegen, kann der Schüler zusätzlich Informationen zum Lerngegenstand erhalten. Diese Informationen erfolgen also nicht über die Umwelt, sondern über den Körper und die eigene Bewegung. (Müller, 2010, S. 54)
Physik ist nach Wagenscheid (1995, S. 119) die Einheit von Kopf, Hand und Herz. Es bedarf der Sinne, um den Menschen in der Mitte zu erreichen, d. h. um ihn nicht nur intellektuell zu ergreifen, sondern den ganzen Menschen zu bewegen. Es bedarf des Tuns, um Phänomene der Natur zu begreifen. Phänomene können nicht mit isoliertem Denken, sie müssen mit dem ganzen Organismus erfahren werden. (Wagenschein, 1988, S. 90)

Der Lernprozess im Fach Physik kann über folgende Möglichkeiten Unterstützung erfahren:
So können die Schüler Eigenschaften von Körpern oder Wirkungen von Kräften mit dem eigenen Körper wahrnehmen (s. 1.19 „Reibungskräfte spüren" oder 2.1 „Warm oder kalt?"). Sie begreifen durch Bewegungsaktivitäten physikalische Gesetzmäßigkeiten (s. 1.9 „Wer rollt weiter?" oder 4.5 „Lichtstrahlen"). Mittels Körpersprache können sie physikalische Erscheinungen ausdrücken (s. 3.2 „Elektronen") oder physikalische Probleme szenisch gestalten (s. 3.1 „Ohne Strom!"). Bei Unterrichtsgängen werden physikalische Vorgänge erkundet (s. 1.10 „Was wird am schnellsten schneller?").

Alle aufgeführten Möglichkeiten geben dem Schüler zusätzliche Informationen über den Lerngegenstand und unterstützen damit den Lernprozess.

Darüber hinaus fördert diese Art des Unterrichts die Motivation. Der Schüler erhält die Möglichkeit, sich in seinem Tun und Lernen voll zu entfalten. Der Lernprozess erfolgt nicht nur mündlich und schriftlich, sondern auch über die körperliche Darstellung. Lernprozesse, die unter Mitwirkung von Bewegung entstehen, erfolgen meist durch Zusammenarbeit mehrerer Schüler. Gruppenbilder müssen abgesprochen, Arbeitsschritte gemeinsam geplant werden. Dies fördert auch die Sozialkompetenz.

Zusätzlicher Informationszugang	**Beispiele**	
Eigenschaften von Körpern, Wirkungen von Kräften u. a. mit dem eigenen Körper *wahrnehmen* und dadurch physikalische Gesetzmäßigkeiten empfinden	1.1 Tastkreis	1.26 Auf der geneigten Ebene
	1.2 Volumen unregelmäßiger Körper	1.27 Wippe
	1.3 Wie dick?	1.28 Gleichgewicht finden
	1.4 Schätzwert – Messwert	1.30 Radialkraft
	1.5 Zeit schätzen	1.36 Auftrieb
	1.6 Arten der Bewegung	1.37 Luftdruck
	1.12 Kreisel	1.38 Vom Fliegen
	1.13 Wirkungen von Kräften	2.1 Warm oder kalt?
	1.15 Pendel	2.6 Wärmeleitung
	1.16 Kraftvektoren	3.4 Stromkreis
	1.17 Ist das möglich?	4.3 Absorption
	1.19 Reibungskräfte spüren	4.6 Reflexion
	1.22 Die lose Rolle	5.2 Potent. und kinet. Energie
	1.23 Flaschenzüge	5.3 Kraftwerke

(Fortsetzung S. 9)

durch Bewegung physikalische Gesetzmäßigkeiten *erkennen und begreifen*	1.7 Schnelle Autos 1.8 Geschwindigkeitstest 1.9 Wer rollt weiter? 1.11 Freier Fall 1.14 Gravitationskraft 1.18 Im Fahrstuhl 1.20 Bleibt es stehen? 1.21 Wer ist stärker? 1.24 Hebel an unserem Körper 1.25 Hebelgesetz 1.29 Der Hebel macht's 1.31 Impuls 1.32 Bauwerke	1.33 Seilschwingen 1.34 Stehende Wellen 2.5 Thermometer 3.6 Elektrostatische Kräfte 3.7 Kraftwirkungen auf ... 4.2 Halb- und Kernschatten 4.5 Lichtstrahlen 4.9 Farbmischung 5.4 Mechanische Leistung 5.5 Standsprung 5.6 Newton Pendel 6.2 Unser Planetensystem
physikalische Erscheinungen mittels Körpersprache *ausdrücken*	3.2 Elektronen 3.3 Schaltbild 4.7 Strahlengang	4.8 Brechung des Lichts 6.1 Alles dreht sich 7.1 Teilchenmodell
physikalische Probleme szenisch *gestalten*	3.1 Ohne Strom!	7.7 Wir spielen ...
physikalische Sachverhalte *formen und gestalten*	1.35 Fadentelefon	2.8 Ausstellung 4.1 Schattenprofil
bei Unterrichtsgängen physikalische Vorgänge *erkunden*	1.10 Was wird am schnellsten schneller?	4.4 Lochkamera

Optimierung der Informationsverarbeitung durch Bewegung

Schule ist traditionell eine „Sitzschule". Lernen scheint vorrangig nur im ruhigen Sitzen möglich. Dabei wurden bereits vor mehr als 2000 Jahren die Schüler von Aristoteles in Wandelhallen unterrichtet (Seele, 2012, S. 16), Mönche promenierten bei geistigen Gesprächen durch die Klostergänge und in früheren Zeiten schrieben Dichter und Gelehrte, wie z. B. J. W. v. Goethe, an Stehpulten und schritten beim Nachdenken im Zimmer auf und ab (Breithecker u. a., 1996, S. 24). Lehrer pflegen auch heute weniger im Sitzen zu arbeiten, sondern sie gehen durch den Unterrichtsraum. Nur die Schüler sollen noch zu häufig beim „Stillsitzen" lernen. Dabei weisen Untersuchungen zu Grundgrößen der Informationsverarbeitung (bei Erwachsenen) nach, dass bereits geringe fahrradergometrische Belastungen die Gehirndurchblutung anregen und dadurch die kognitive Leistungsfähigkeit, insbesondere die Kurzspeicherkapazität und die Lerngeschwindigkeit, ansteigt (Lehr & Fischer, 1994, S. 182). Überwinden wir unsere pädagogischen Gewohnheiten und ermöglichen den Schülern, Lernen mit Bewegung zu verbinden. Zur Optimierung der Informationsverarbeitung reichen bereits Bewegungen mit geringer Intensität aus. (Müller, 2010, S. 67)

Die nachfolgenden Beispiele basieren auf diesen theoretischen Positionen, z. B. das Entscheiden über Zustimmung oder Ablehnung signalisieren, die auf physikalischen Gesetzmäßigkeiten beruhen (s. 7.3 „Richtig oder falsch?"). Beim Gehen durch den Raum können physikalische Erscheinungen erklärt und begründet (s. 2.7 „Warum ist das so?") oder Aufgaben gelöst werden (s. 7.5 „Wer gehört zu wem?"). Außerdem besteht die Möglichkeit, sich physikalisches Wissen zu erarbeiten bzw. sich Informationen einzuholen (s. 2.9 „Wärmekraftmaschinen"). Physikalisches Grundwissen kann beim Wechseln der Plätze (s. 2.2 „Bankwechsel") oder in unterschiedlichen Arbeitshaltungen (s. 6.3 „Diskutieren - einmal anders!") gefestigt werden. Solche und weitere Übungen können als Erweiterung traditioneller Formen des Unterrichtens eingeordnet werden. Neben der verbesserten Sauerstoffversorgung des Gehirns tragen psychische Komponenten (nicht mehr still sitzen zu müssen sowie die Motivationserhöhung durch eigene Aktivität) dazu bei, das Lernen zu erleichtern und eine Schule zu gestalten, die wirklich vom Schüler (und seinem Bewegungsbedürfnis) ausgeht.

Optimierung der Informationsverarbeitung	Beispiele
durch Bewegung Zustimmung oder Ablehnung signalisieren, die auf physikalischen Gesetzmäßigkeiten beruhen	2.4 Aggregatzustände 7.3 Richtig oder falsch?
beim Zuwerfen eines Balles o. Ä. Sachwissen festigen	7.2 Rechne um!
beim Gehen (durch den Raum)	
– physikalische Erscheinungen erklären und begründen	2.7 Warum ist das so? 7.9 Grundbegriffe
– Aufgaben lösen	2.3 Welche Aggregatzustandsänderungen? 7.5 Wer gehört zu wem? 7.6 Erkläre! 7.8 Was ist das? 7.11 Sprüche finden
– physikalisches Wissen erarbeiten bzw. sich Informationen einholen	1.39 Kerze auspusten 2.9 Wärmekraftmaschinen 5.1 Energie überall
– sich physikalisches Grundwissen einprägen	7.4 Lückentexte 7.10 Ich merke mir ...
Plätze wechseln und dabei physikalisches Grundwissen festigen/üben und anwenden	2.2 Bankwechsel 3.5 Was fehlt?
beim Lösen von Aufgaben und Problemen *unterschiedliche Arbeitshaltungen* anwenden	6.3 Diskutieren – einmal anders!

Hinweise der Autoren

In die Erarbeitung der Materialsammlung sind Vorschläge von Studierenden und Lehrkräften eingeflossen, die auf umfangreichem Literaturstudium, aber auch eigenen Erfahrungen und Ideen basieren. Dies erschwert zum Teil den Nachweis der ursprünglichen Quellenangaben. Durch die Anbindung an das sächsische Projekt erfolgte eine Orientierung an den Lehrplänen in Sachsen, ergänzt durch eine Analyse von Lehrplänen/Richtlinien anderer Bundesländer. Da eine Reihe von Inhalten und Themen in den einzelnen Bundesländern in unterschiedlichen Klassenstufen aufzufinden ist, wird meist eine unverbindliche Spannbreite über mehrere Klassen angegeben. Insgesamt sind die Beispiele der Materialsammlung als Anregungen zu verstehen, die entsprechend der konkreten Bedingungen sowie der aktuellen Klassensituation ausgewählt und verändert werden müssen. Außerdem soll dazu angehalten werden, selbst neue Beispiele auszuprobieren und zu ergänzen.

Seit dem Erscheinen der 1. Auflage sind über zehn Jahre vergangen, in denen das Konzept der bewegten Schule und der Schwerpunkt des bewegten Lernens in einer Reihe von Schulen erfolgreich umgesetzt werden konnten. Die dabei gesammelten Erfahrungen sowie neue Überlegungen bilden die Grundlage für die jetzt vorliegende Bearbeitung. Die 2. Auflage wurde vor allem durch neue Beispiele und Varianten sowie Konkretisierungen auf den Rückseiten der Karteikarten ergänzt. Die vorgeschlagenen Aufgaben für die Schüler können im Schulbereich als Kopievorlage bzw. eingescannt für die Moodle-Lernplattform o. Ä. dienen. Für neue Beispiele ist vor allem Reimund Linkert zu danken. Im Anhang befinden sich mögliche Vorlagen von Arbeitsblättern für die Hand der Schüler, die z. B. im Rahmen von Freiarbeit genutzt werden können.

Anmerkung: Männliche Personenbezeichnungen (Lehrer, Schüler) gelten in diesen didaktisch-methodischen Anregungen gleichermaßen für Personen weiblichen Geschlechts.

Literatur:

Breithecker, D. et al. (1996). In die Schule kommt Bewegung. *Haltung und Bewegung 16*(2), 5-47.
Bucher, W. (Hrsg.). (2000). *Bewegtes Lernen. Teil 3. Ab 7. Schuljahr*. Schorndorf: Hofmann.
Döbler, E. & Döbler, H. (2018). *Kleine Spiele*. (23. Aufl.). Mühlheim an der Ruhr: Verlag an der Ruhr.
Göbel, R. (Hrsg.) (1991). *Physik. Arbeitsheft Thermodynamik/Elektrizitätslehre* (5. Aufl.). Berlin: Volk und Wissen.
Göbel, R. (Hrsg.) (1993). *Physik. Arbeitsheft Klasse 7* (2. Aufl.). Berlin: Volk und Wissen.
Grupe, O. (1982). *Bewegung, Spiel und Leistung im Sport*. Schorndorf: Hofmann.
Lehrl, S. & Fischer, B. (1994). *Gehirn-Jogging. Selber denken macht fit* (4. überarb. Aufl.). Ebersberg: VLESS-Verlag.
Liebers, K. & Wilke, H.-J. (1992*). Physik. Mechanik, Thermodynamik, Elektrizitätslehre*. Berlin: Volk und Wissen.
Linkert, R. (2017). *Bewegtes Lernen im Physikunterricht – Eine Weiterführung*. Masterarbeit. Leipzig: Sportwissenschaftliche Fakultät.
Müller, Chr. (2010). *Bewegte Grundschule* (3. Aufl.). Sankt Augustin: Academia.
Müller, Chr. & Petzold, R. (2014). *Bewegte Schule* (2. neu bearb. und erweit. Auflage). St. Augustin: Academia.
Seele, K. (2012). Beim Denken gehen, beim Gehen denken. Die Peripatetische Unterrichtsmethode. Band 14 von *Philosophie und Bildung*. Berlin, Münster u. a.: LIT.
Vogel, E. (2005*). Entspannungsübungen*. Belegarbeit. Leipzig: Sportwissenschaftliche Fakultät.
Wagenschein, M. (1988). *Naturphänomene sehen und verstehen*. Stuttgart: Klett.
Wagenschein, M. (1995). *Die pädagogische Dimension der Physik*. Aachen-Hahn: Hahner.
Belegarbeiten von Studierenden der Sportwissenschaftlichen Fakultät der Universitäten Leipzig, besonders von Stefan Hertzsch, Stephan Bach, Andreas Lange

Zeichnungen:

Martin Veit, Leipzig (Titelseite)

Susann Melzer, Leipzig (1.15, 1.16, 1.17, 1.19, 1.27, 1.32, 1.33, 1.39, 4.4, 5.5)

Normann Schmidt, Leipzig (6.3)

Klara Katharina Kezia Hänsel, Radeberg (1.21, 1.25, 1.26, 1.28, 1.29, 1.35, 1.36, 2.1, 2.6, 2.8, 3.2, 3.6, AB 4)

Foto: Christiane Cyriax, Radeberg (3.1)

Layout:

Karla Edelmann, Leipzig

Christina Müller, Leipzig

Weitere Literatur zum Projekt „Bewegte Schule“ (in Sachsen)

Müller, Chr. & Petzold, R. (2014). *Bewegte Schule* (2. neu bearbeitete Auflage). St. Augustin: Academia.

Es werden grundsätzliche Positionen, eine Vielzahl von Beispielen sowie Hinweise zur methodisch-organisatorischen Gestaltung vorgestellt – über das bewegte Lernen hinaus für weitere Bereiche einer bewegten Schule, wie Auflockerungsminuten, Entspannungsphasen, individuelle Bewegungszeiten, bewegungsorientierte Projekte, bewegte Pausen, bewegtes Schulleben. Ergänzt werden die Ausführungen zum Konzept der bewegten Schule durch die Ergebnisse einer Längsschnittstudie zu den Wirkungen.

Müller, Chr. et al. (2004, 2005, 2013, 2014, 2015, 2016). *Bewegtes Lernen in den Klassen 5 bis 10/12. Fächer: Fremdsprachen, Biologie, Geschichte, Sozialkunde/Gemeinschaftskunde/Politik, Evangelische Religion, Mathematik, Deutsch, Kunst, Musik, Physik, Geografie, Ethik, Chemie*. St. Augustin: Academia.

Müller, Chr. & Dinter, A. (2013). *Bewegte Schule für ALLE*. Meißen: Unfallkasse Sachsen.

Modifizierungen eines Konzeptes der bewegten Schulen für die Förderschwerpunkte Lernen, geistige Entwicklung, körperliche und motorische Entwicklung, emotionale und soziale Entwicklung sowie Sprache.

Müller, Chr. (2010). *Bewegte Grundschule. Aspekte einer Didaktik der Bewegungserziehung als umfassende Aufgabe der Grundschule* (3. neu bearbeitete Aufl.). St. Augustin: Academia.

Müller, Chr. (Hrsg.). (2006). *Bewegtes Lernen in den Klassen I bis IV. Didaktisch-methodisches Anregungen für die Fächer Mathematik, Deutsch und Sachunterricht* (3. erweiterte und überarbeitete Aufl.). St. Augustin: Academia.

Müller, Chr. et al. (2003, 2009, 2014). *Bewegtes Lernen. Kl. 1-4 in den Fächern: Ethik, Englisch Anfangsunterricht, Kunst, Musik*. St. Augustin: Academia.

http: //www.bewegte-schule-und-kita.de
http://www.academia-verlag.de/titel/serie/serie_Bewegtes_Lernen.htm

1 Mechanik

Klasse: 6

Thema: **Eigenschaften von Körpern**

1.1 Tastkreis

Ort: Unterrichtsraum
Material: Gegenstände mit unterschiedlicher Oberflächenbeschaffenheit, Masse, Elastizität u. a.

Beschreibung: Mit geschlossenen Augen lässt eine Kleingruppe unterschiedliche Gegenstände, die ein Spielleiter hinein reicht, hinter dem Rücken wandern. Danach besprechen sie, welche Oberflächenbeschaffenheit, Masse, Elastizität u. a. die Gegenstände hatten.
Abschließend gibt ihnen der Spielleiter die Gegenstände zum Vergleich.

Variante: Gegenstände in die Kreismitte legen und bei geschlossenen Augen mit den Füßen (barfuß) ertasten

1 Mechanik

Klasse: 6

Thema: **Eigenschaften von Körpern**

1.2 Volumen unregelmäßiger Körper

Ort: Unterrichtsraum
Material: tiefes Gefäß, Überlaufgefäß

Beschreibung: Differenzmethode: In ein mit Wasser gefülltes Gefäß wird die Hand bis zu einer Markierung eingetaucht. Das Volumen der Hand entspricht der Erhöhung des Wasserstandes im Gefäß.

Varianten:

- Überlaufmethode: Das Volumen des übergelaufenen Wassers entspricht dem Volumen der Hand.
- Schüler schließen auf das Volumen des menschlichen Körpers (Fermi-Aufgabe). (Linkert, 2017, S. 46)
- Stationsarbeit
- Fuß oder Unterarm eintauchen

Beispielrechnung für eine Fermi Aufgabe:

Das Volumen der Hand entspricht dem Volumen von 200 ml Wasser. Das Volumen des Kopfes entspricht in etwa dem 15-Fachen des Volumens der Hand. Das Volumen eines Armes entspricht in etwa dem 10-Fachen des Volumens der Hand. Das Volumen eines Beines entspricht in etwa dem 5-Fachen des Volumens eines Armes. Das Volumen des Rumpfs entspricht in etwa dem Volumen beider Beine.

Rechnung:

$$V = 2 \cdot 200 \text{ ml (Hände)} + 15 \cdot 200 \text{ ml (Kopf)} + 2 \cdot 10 \cdot 200 \text{ ml (Arme)} + 5 \cdot 2 \cdot 10 \cdot 200 \text{ ml (Beine)} + 5 \cdot 2 \cdot 10 \cdot 200 \text{ ml (Rumpf)}$$

$$V = 0{,}4 \text{ l} + 3 \text{ l} + 4 \text{ l} + 20 \text{ l} + 20 \text{ l} = \mathbf{47{,}4 \text{ l}}$$

Eine andere Herangehensweise an das Problem ist möglich:
Der menschliche Körper besteht zu ca. 70 Prozent aus Wasser. Seine Dichte ist nur wenig verschieden der Dichte von Wasser. Ein Schüler der Masse 50 kg nimmt also ein Volumen von rund 50 l ein.

1 Mechanik — Klasse: 6-8

Thema: **Eigenschaften von Körpern**

1.3 Wie dick?

Ort: Unterrichtsraum

Material: dünnwandige Körper als Messobjekte (Tüte, Blatt Papier, Stück Karton, Stück einer Getränkedose, Münze, Lineal, Halstuch, Grashalm, Vogelfeder)

Beschreibung: Zunächst erläutert der Lehrer die Anwendung und Funktion der Messgeräte und die Körper. Gemeinsam werden die Dicken der Körper gefühlt und geschätzt. Die Körper werden im Zimmer stationsartig verteilt. Die Schüler können sich nun für eine Station entscheiden. Sie wählen ein geeignetes Messgerät aus und bestimmen die Dicke des Körpers. Danach wechseln sie an eine andere Station. Die Schüler lernen so, mit den neuen Messgeräten umzugehen und entwickeln ein Gefühl für ungewohnte und kleine Ausdehnungen.

Varianten:

- Vergleich Schätzwert – Messwert
- jeweils zwei verschiedene Messgeräte (z. B. Lineal, Messschieber) einsetzen und dann über die Fehler und Messgenauigkeit diskutieren

1 Mechanik

Klasse: 6-7

Thema: **Eigenschaften von Körpern**

1.4 Schätzwert – Messwert

Ort: Unterrichtsraum
Material: verschiedene Federkraftmesser

Beschreibung: Kleingruppen suchen sich Gegenstände im Zimmer. Jeder schätzt die Gewichtskraft. Die Schätzwerte werden in einer Tabelle festgehalten. Anschließend wird mit einem geeigneten Federkraftmesser geprüft. Wer kommt dem Messwert am nächsten?

Variante: die Masse mit verschiedenen Waagen bestimmen

1 Mechanik

Klasse: 6

Thema: **Zeitmessung**

1.5 Zeit schätzen

Ort: Unterrichtsraum
Material: Stoppuhr

Beschreibung: Es werden Paare gebildet, von denen ein Schüler eine Stoppuhr hat. Der andere schätzt, wann eine vorgegebene Zeit um ist. Anschließend werden die Rollen getauscht. Wer war näher dran?

Varianten:

- alternative Zeitmessungen: im Sekundentakt mitzählen, die Pulsschläge zählen (Ruhepuls ca. bei 60 Schlägen/min)
- Wie wurde früher (Pendeluhr, Sanduhr ...) die Zeit gemessen, wie heutzutage (Quarzuhren, Atomuhren ...)?

1 Mechanik **Klasse: 6**

Thema: **Bewegung von Körpern**

1.6 Arten der Bewegung

Ort: Unterrichtsraum, Schulhof
Material: -

Beschreibung: Die Schüler spüren mit ihrem eigenen Körper unterschiedliche Arten der Bewegung:

- geradlinige Bewegung: eine Strecke gehen/laufen
- Kreisbewegung: Handfassung mit Partner und drehen („Mühle“)
- Schwingung: Ein Schüler wird von zwei anderen als „Pendel“ hin und her geschoben.

Varianten: s. Rückseite

Varianten
Als Erstes überlegen sich die Schüler die entsprechenden Bewegungsformen und schätzen die Geschwindigkeitswerte. Die Schüler messen eine Strecke von 40 m ab. Nach je 10 m steht ein Schüler mit einer Stoppuhr. Zwei Schüler schreiben die Zeiten in eine Tabelle.

gleichförmige Bewegung:
- ein Schüler schlendert die 40 m
- ein Schüler geht die 40 m schnell

beschleunigte Bewegung:
- ein Schüler sprintet
- ein Schüler fährt Fahrrad
- ein Schüler fährt Inline-Skater
- ein Schüler fährt Skateboard

Anschließend werden die Messwerte im Unterrichtsraum ausgewertet und mit den Schätzwerten verglichen, z. B. in einer Tabelle.

Weitere Variante (mittlere Geschwindigkeit): Die Schüler laufen gleichzeitig los und bleiben bei „Stopp!" stehen. Anschließend schätzen sie die Strecke und folgern die unterschiedlichen Geschwindigkeiten.

Thema: **Bewegung von Körpern**

1.7 Schnelle Autos

Ort: Unterrichtsraum
Material: Autos mit Fernbedienung (von den Schülern mitbringen lassen)

Beschreibung: Es wird eine Wettkampfstrecke ausgemessen. Darauf findet eine Wettfahrt der Autos mit Zeitmessung statt. Anschließend wird die Geschwindigkeit ermittelt und in km/h umgerechnet.

Varianten:

- auf einem Unterrichtsgang Autos in einer Tempolimitzone stoppen
- „Wettfahrt" mit kleinen Spielzeugautos veranstalten, die sich an einer Schnur befinden und um einen Bleistift aufgewickelt werden

1 Mechanik

Klasse: 6

Thema: **Bewegung von Körpern**

1.8 Geschwindigkeitstest

Ort: Unterrichtsraum
Material: Stoppuhr, Startklappe, (Rollgeräte)

Beschreibung: In Gruppenarbeit werden die Laufzeiten der einzelnen Schüler für eine etwa 10 m lange Strecke ermittelt. Dabei können der Hochstart, Tiefstart und der fliegende Start zum Einsatz kommen. Anschließend wird die durchschnittliche Zeit berechnet und Rückschlüsse auf die günstigste Startvariante gezogen.

Varianten:

- Rollgeräte einsetzen (Fahrrad, Inline-Skater, Rollbrett, Skateboard, Pedalo ...) (Bucher, 2000, S. 73)
- ab Klasse 9 Messungen mit Lichtschranke

Thema: **Bewegung von Körpern**

1.9 Wer rollt weiter?

Ort: Unterrichtsraum
Material: Inline-Skater, evtl. Springseil

Beschreibung: Je zwei Schüler stehen sich auf Inline-Skatern gegenüber, die Handflächen berühren sich. Nach dem Lösen des Handkontaktes rollen beide voneinander weg – der leichtere Schüler rollt weiter.

Varianten:

- Kl. 9: **Einer** stößt sich vom anderen ab, **beide** rollen weg.
- Der Versuch kann auch evtl. in Verbindung mit dem Sportunterricht durchgeführt werden. (Bucher, 2000, S. 73)
- Einer zieht am Springseil – beide rollen aufeinander zu.

1 Mechanik

Klasse: 9-10

Thema: **Bewegung von Körpern**

1.10 Was wird am schnellsten schneller?

Ort: Umgebung der Schule
Material: Stoppuhren, evtl. Bandmaße

Beschreibung: Auf einem Unterrichtsgang ermitteln die Schüler reale Beschleunigungen in der Umwelt durch Messung von Beschleunigungszeit und Strecke. Die Beschleunigung muss aus dem Stand heraus erfolgen (Beispiele s. Rückseite). Die Schüler sollen beschleunigte Bewegungen herausfinden und erkennen, dass große Beschleunigung nicht automatisch große Geschwindigkeit bedeutet.

Variante: Besuch eines größeren Bahnhofes (vorher Fahrplan ansehen):
Welche Lok beschleunigt am stärksten, welche am schwächsten?

Beispiele:

- Autos nach einer Ampel
- abbremsende Autos vor einer Ampel
- antretender Radfahrer
- Fußgänger, der die Straße überquert
- Kugel eine geneigte Ebene herabrollen, Neigung verändern

1 Mechanik

Klasse: 9

Thema: **Bewegung von Körpern**

1.11 Freier Fall

Ort: Unterrichtsraum
Material: Schlagbälle, Stoppuhr, Bandmaß u. a. (s. unten)

Beschreibung: In Kleingruppen messen die Schüler Zeit und den Weg von Schlagbällen, die aus unterschiedlichen Stockwerken der Schule fallen gelassen werden. Die Beschleunigung wird berechnet. (Bucher, 2000, S. 68)
Beim Zusammentragen der Ergebnisse der Kleingruppen erkennen die Schüler, dass die Beschleunigung konstant ist (Vergleich mit Wert im Tafelwerk).

Varianten:

- zwei Blätter Papier fallen lassen, Wiederholung des Vorganges, indem eines der Blätter zusammengeknüllt wird und dadurch eine geringere Luftreibung hat
- parallel eine 1-Euro-Münze und eine Feder fallen lassen, anschließend diesen Vorgang in der Vakuumröhre wiederholen und vergleichen (Einfluss der Luftreibung auf die Fallgeschwindigkeit wird deutlich)

1 Mechanik

Klasse: 11

Thema: **Bewegung von Körpern**

1.12 Kreisel

Ort: Unterrichtsraum
Material: evtl. Drehstühle und Hanteln

Beschreibung: Die Schüler sollen die Trägheit am eigenen, sich drehenden Körper beobachten. Sie führen schnelle Drehungen aus und nehmen dabei die Arme in die Seithalte oder verschränken sie vor dem Körper (Hinweis auf Pirouetten beim Eiskunstlaufen).

Varianten:

- Wenn Schüler auf Drehstühlen sitzen (mit Hanteln in den Händen) und die Stühle in Drehbewegung versetzt werden, dann spüren sie das größere Trägheitsmoment bei ausgestreckten Armen.
- weitere Beispiele s. Rückseite

Varianten:

- Eine Toilettenpapierrolle befindet sich auf einem waagerechten Stativstab. Bei langsamen Ziehen am Ende wickelt sich die Rolle ab, bei ruckartigem Ziehen reißt das Papier ab.
- Ein rohes und ein gekochtes Ei werden jeweils waagerecht auf einem Teller gedreht und dann kurz angetippt, so dass sie zum Stillstand kommen. Nach dem Loslassen versetzt sich das rohe Ei wieder in Bewegung.
- Stationsarbeit

1 Mechanik

Klasse: 7

Thema: **Kräfte und ihre Wirkung**

1.13 Wirkung von Kräften

Ort: Unterrichtsraum, Schulhaus
Material: evtl. Skateboard, Gummiband

Beschreibung: Die Schüler finden sich paarweise zusammen und sollen nachfolgende Aussagen mit ihren eigenen Körpern und Kräften darstellen. Kräfte können bewegliche Körper:

- in Bewegung versetzen
- gegen einen Widerstand in Bewegung halten
- aus der Bewegung abbremsen (Liebers & Wilke, 1992, S. 5)
- aus der Bewegungsrichtung ablenken

Varianten:

- Zwei Schüler laufen nebeneinander. Durch sanften Druck eines Schülers senkrecht zur Laufrichtung gegen die Schulter des anderen wird die Bewegungsrichtung geändert.
- weitere Beispiele s. Rückseite

Varianten:

- Ein Partner stellt sich auf ein Skateboard, ein anderer zieht ihn.
- Ein Schüler bindet ein Ende eines Gummibandes um seine Hüfte, das andere Ende wird an der Türklinke befestigt. (Wegbewegung von der Tür – Hookeches Gesetz)
- Einsatz Arbeitsblatt 4

1 Mechanik **Klasse: 7**

Thema: **Kräfte und ihre Wirkungen**

1.14 Gravitationskraft

Ort: Unterrichtsraum
Material: Personen- oder Kofferwaage, Schaumstoff

Beschreibung: Die Schüler heben nacheinander die Taschen der Mitschüler an und ermitteln die schwerste, zweitschwerste ... leichteste, d. h. welche Kraft muss wirken. Die ermittelte Reihenfolge wird mit Hilfe der Waage überprüft (Umrechnung 1 kg = 10 N).

Variante: Die Schüler treten mit beiden Füßen auf ein Schaumstoffstück und verformen dieses durch ihre Gewichtskraft. Anschließend wird der Vorgang mit zusätzlichen Gewichten wiederholt (Kraftwirkung ist größer).

1 Mechanik

Klasse: 7

Thema: **Kräfte und ihre Wirkungen**

1.15 Pendel

Ort: Unterrichtsraum
Material: -

Beschreibung: Ein Schüler steht zwischen zwei anderen, macht sich steif und wird wie ein Pendel von einem zum anderen geschoben (s. Rückseite). Dabei sollen die Schüler unterschiedliche Kraftwirkungen spüren in Abhängigkeit von:

- dem Angriffspunkt (Schulter, Rücken, Oberschenkel)
- dem Betrag (schwächerer oder etwas stärkerer Krafteinsatz)
- der Richtung (direkt zum Gegenüberstehenden, schräg nach oben u. a.)

Sie erkennen, dass die Wirkung einer Kraft vom Angriffspunkt, von der Richtung und dem Betrag abhängig ist. Rollentausch.
Hinweis: Hilfestellung durch zwei Mitschüler!

Pendel

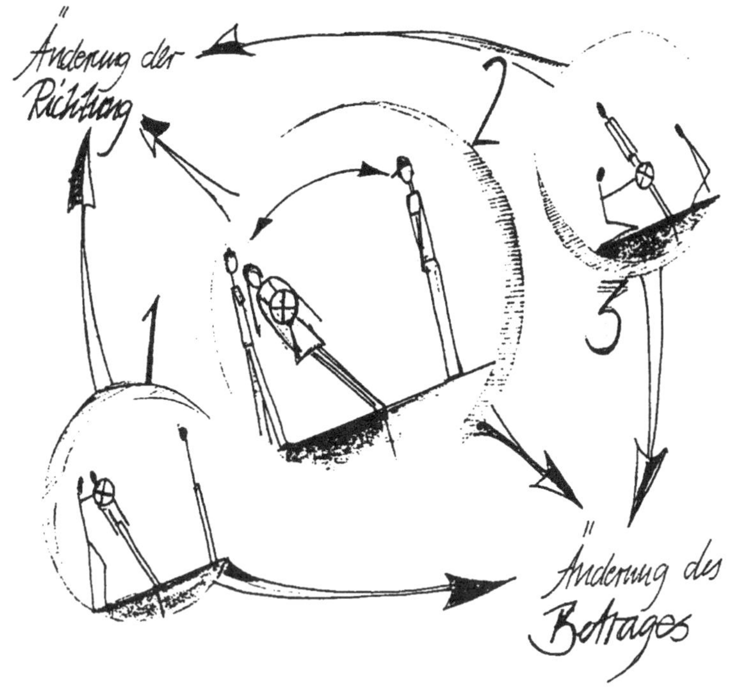

Thema: **Kräfte und ihre Wirkungen**

1.16 Kraftvektoren

Ort: Unterrichtsraum
Material: vier zusammengeknotete Seile

Beschreibung: Vier Schüler fassen je ein Seil und ziehen mit differenziertem Krafteinsatz in unterschiedliche Richtungen (s. Rückseite). Der Seilknoten soll über einem markierten Punkt bleiben. Dabei spüren die Schüler den Ausgleich der Kräfte und erleben somit die Kraftvektoren.

Varianten:

- Anzahl der ziehenden Schüler verringern oder vergrößern (Illi, 1997, S. 28)
- Zwei Schüler gleicher Masse laufen Schulter an Schulter auf einer gedachten Linie. Beide drücken mit unterschiedlichen Kräften gegen die Schulter des Partners, woraus sich der neue Weg als Resultierende (der beiden Kraftvektoren) ergibt.
- Ein Schüler zieht ein Blatt Papier über den Tisch. Der Partner bewegt den Stift senkrecht auf dem Papier dazu (als Resultierende entsteht eine Diagonale).

Kraftvektoren

1 Mechanik

Klasse: 8-10

Thema: **Kräfte und ihre Wirkungen**

1.17 Ist es möglich?

Ort: Unterrichtsraum
Material: Tische

Beschreibung: Zwei Tische werden nebeneinander gestellt und ein bestimmter Abstand vorgegeben. „Ist ein Halten (ähnlich dem Stütz am Barren – s. Rückseite) zwischen den Tischen möglich oder nicht?“ Die Schüler finden die Antwort durch Ausprobieren. Danach wird der Abstand verändert und die Frage erneut untersucht. Zum Abschluss werden die Unterschiede diskutiert und mithilfe von Kräfteparallelogrammen geschlussfolgert, dass es bei größerem Abstand immer schwerer wird, sich zu halten.

Variante: Gruppenarbeit

Ist es möglich?

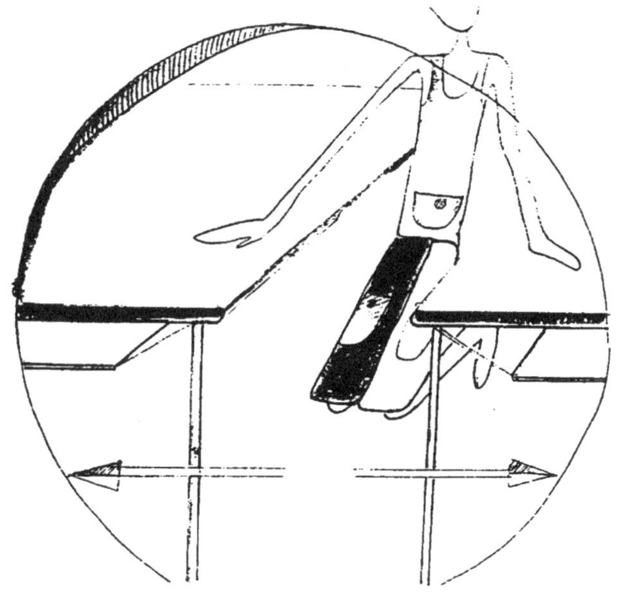

1 Mechanik

Klasse: 11

Thema: **Kräfte und ihre Wirkungen**

1.18 Im Fahrstuhl

Ort: Kaufhaus, evtl. Schule
Material: Personenwaage

Beschreibung: Ein Schüler steht auf einer Personenwaage im Aufzug. Ein anderer beobachtet den Ausschlag der Waage, wenn der Aufzug nach oben und nach unten fährt. Was spürt der Schüler auf der Waage bezüglich seiner Gewichtskraft? Anschließend wird über die Kräftebilanz diskutiert.

1 Mechanik

Klasse: 7

Thema: **Kräfte und ihre Wirkungen**

1.19 Reibungskräfte spüren

Ort: Unterrichtsraum, Schulhaus, evtl. Sporthalle
Material: Teppichfliesen, evtl. Seile, unterschiedliche Unterlagen

Beschreibung: Ein Schüler hockt/sitzt auf einer Teppichfliese und wird vom Partner (mit einem Seil) gezogen (s. Rückseite). Beim Anziehen spürt er die Haftreibungskraft und dass diese größer als die Gleitreibungskraft ist. Partnerwechsel.

Varianten:

- Teppichfliesen aus unterschiedlichem Material oder mit gummierter Unterfläche verwenden
- zwei Schüler auf einer Teppichfliese ziehen
- auf unterschiedlichen Unterlagen sich ziehen (Papier, Folientüte, Wischlappen u. a.) Wo ist die Haftreibung am größten bzw. kleinsten?

Ziehen auf Teppichfliesen

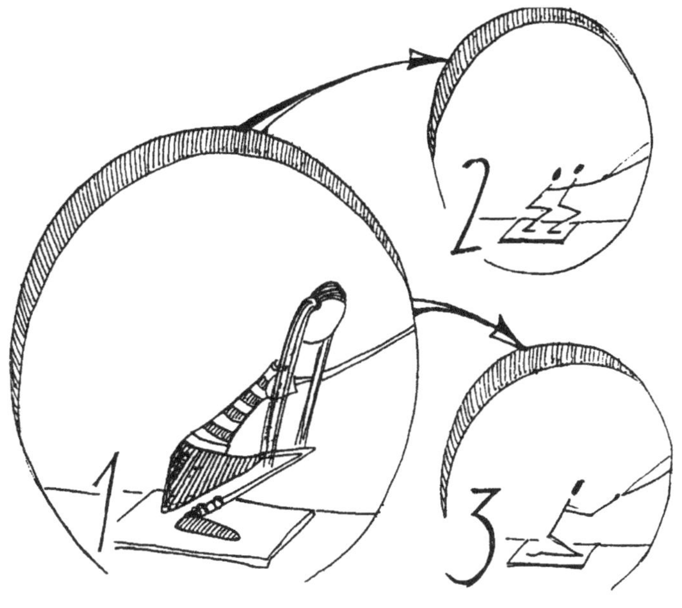

1 Mechanik

Klasse: 7-9

Thema: **Kräfte und ihre Wirkungen**

1.20 Bleibt es stehen?

Ort: Unterrichtsraum

Material: verschieden große und schwere Alltagsgegenstände (Flasche, Becher mit Wasser, Stück Holz, Stein, Briefbeschwerer ...), verschiedene flache Unterlagen: Filz, Baumwollstoff, Schleifpapier, Zeitung, Folientüte, Stück Sperrholz, Serviette ...)

Beschreibung: Der Lehrer verteilt die mitgebrachten Gegenstände sowie die verschiedenen Unterlagen auf den Tischen. Die Schüler können paarweise probieren, ob es ihnen gelingt, beispielsweise die Servietten ruckartig unter dem Glas hervorzuziehen, ohne dass dieses umfällt; also ob die Reibungskraft zwischen Glas und Serviette oder die Trägheit des Glases überwiegt. Anschließend testen sie verschiedene Varianten und Kombinationen von Unterlagen und trägen Gegenständen. Sie sollen dabei die Abhängigkeit der Reibungskraft von der Beschaffenheit der Oberflächen und von der Masse des trägen Körpers erkennen. Die Menge des Wassers im Glas bietet interessante Variationen: Kann man eine Zeitung, die sich nicht unter einem vollen Glas hervorziehen lässt, unter einem nur halbgefüllten herausziehen?

Varianten:

- sich vor Beginn über die Chancen des Experimentes austauschen
- Gegenstände aus dem Schulalltag verwenden (Federtasche, Radiergummi ...)
- Motivation: Materialien für David Copperfield (o. Ä.) suchen
- Zusatzaufgabe zum Neigungswinkel: Bei welchem Winkel fängt das Material an zu rutschen? (geneigte Ebene, Kl. 11)
- Verweis auf Schüttwinkel (evtl. mit Zucker o. Ä. probieren)

1 Mechanik **Klasse: 7**

Thema: **Kräfte und ihre Wirkungen**

1.21 Wer ist stärker?

Ort: Unterrichtsraum
Material: zwei Besenstiele, Stativstöcke o. Ä., ein Seil

Beschreibung: Zwei Jungen haben je einen Stock in Vorhalte gefasst und stehen etwa schrittweit auseinander. Um beide Stöcke/Stiele wird in Schlaufen ein Seil gelegt, an dessen Ende ein Mädchen zieht (s. Rückseite). Können die Jungen die Stöcke im Abstand etwa eines Schrittes halten?

Variante: In der Sporthalle zieht ein leichter Schüler einen deutlich schwereren an den Ringen in die Höhe.

Wer ist stärker?

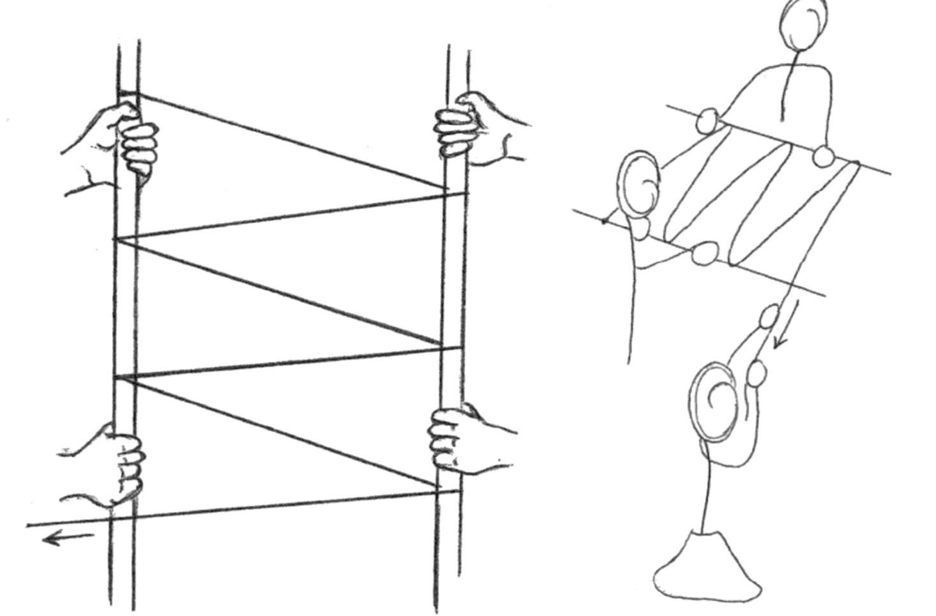

Thema: **Kräfte und ihre Wirkungen**

1.22 Die lose Rolle

Ort: Unterrichtsraum, Sporthalle oder Pausenhof
Material: schwerer Koffer, Seil

Beschreibung: Zu Beginn wird von den Schülern probiert, den schweren Koffer ohne Hilfe zu heben. Es sollte nicht gelingen. Durch den Griff des Koffers wird nun ein Seil gelegt, welches an einem Ende an einem Punkt über dem Koffer fixiert ist (s. Rückseite). Zieht man das Seil am anderen Ende nach oben, lässt sich der Koffer mit Mühe nach oben bewegen. **Hinweis:** Fixierung des Seils an Schwerlasthaken (Unterrichtsraum), Ringen oder Sprossenwand (Sporthalle), Baum (Pausenhof)

Varianten:

- Der Koffer wird geschoben statt gehoben. Dazu muss das Seil an einer belastbaren Stelle fixiert werden.
- Anwendungsbeispiel: Baumfäller zogen früher Baumstämme mit Pferden aus dem Wald heraus. Sie befestigten ein Ende des Seils an einem Baum und legten das andere Ende um den gefällten Baum. So konnte das Pferd am losen Ende des Seils ziehen und den Baumstamm bewegen. (Linkert, 2017, S. 52)

Die lose Rolle

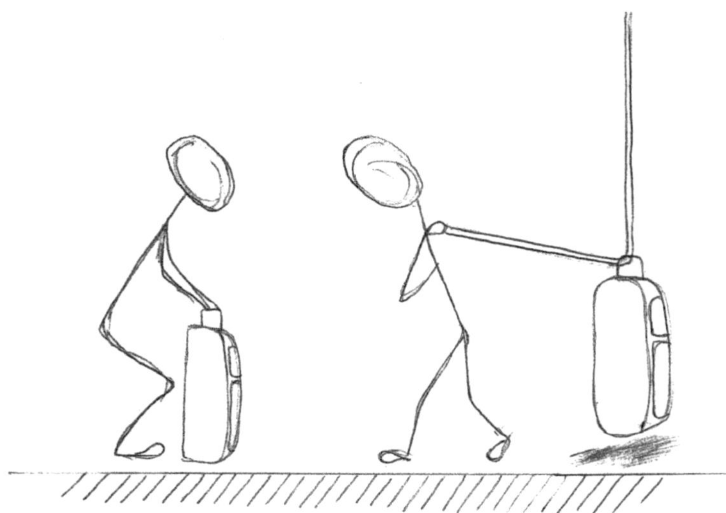

Thema: **Kräfte und ihre Wirkungen**

1.23 Flaschenzüge

Ort: Unterrichtsraum
Material: Flaschenzüge

Beschreibung: In Gruppenarbeit werden Flaschenzüge zusammengebaut. Jede Gruppe verwendet eine andere Anzahl an tragenden Seilstücken. An jedem Flaschenzug wird das gleiche Gewicht gehängt. Die Schüler sollen durch den Zug mit der Hand den unterschiedlichen Krafteinsatz spüren. Erst dann wird mit dem Federkraftmesser gemessen.

Varianten:
- Einbeziehung Zeichnungen Beispiel 1.21 „Wer ist stärker?“
- als Projekt möglich

Thema: **Kräfte und ihre Wirkungen**

1.24 Hebel an unserem Körper

Ort: Unterrichtsraum
Material: -

Beschreibung: Partnerarbeit: Die Schüler überlegen, wo Hebel am eigenen Körper auftreten und welche. Sie bestimmen die Hebelarme sowie Drehpunkte und probieren aus, bei welchen Bewegungen die Hebel wirken.

Beispiele: Unterarm (beim Anwinkeln ein einseitiger, beim Strecken ein zweiseitiger Hebel)
Unterkiefer (einseitiger Hebel, weitere Beispiele s. Rückseite)

Variante: Ein Gewicht wird an unterschiedlichen Stellen des Armes angehängt.

Beispiele für einseitige Hebel

Drehpunkt	**Bewegung für einseitigen Hebel**	**Hebelarm**
Fußgelenk	Anziehen des Fußes	Fuß
Knie	Anziehen des Unterschenkel	Unterschenkel
Hüfte	Beugen des Oberkörpers	Beine
Ellenbogen	Anziehen des Unterarms	Unterarm
Handgelenk	Abwinkeln der Hand	Hand
Schulter	Anheben des Armes	Arm
Unterkiefer	Öffnen des Mundes	Unterkiefer

1 Mechanik **Klasse: 7**

Thema: **Kräfte und ihre Wirkungen**

1.25 Hebelgesetz

Ort: Unterrichtsraum
Material: Streichhölzer, Zahnstocher

Beschreibung: Der Schüler zerbricht ein Streichholz, so oft er kann. Die wirkenden Kräfte der beiden Hände rücken mit jedem Versuch näher an die Bruchstelle. Irgendwann ist der Abstand so gering, dass die Kräfte nicht mehr ausreichen, das Streichholz zu zerbrechen. (s. Rückseite)

Varianten:

- Anstelle eines Streichholzes kann ein Zahnstocher oder Ast verwendet werden.
- Jeder Schüler zählt, wie oft das Objekt zerbrochen werden konnte.
- Die Schüler lösen die Aufgabe als Experimentieraufgabe in einer Leistungskontrolle oder als Hausexperiment. (Linkert, 2017, S. 49)

Hebelgesetz

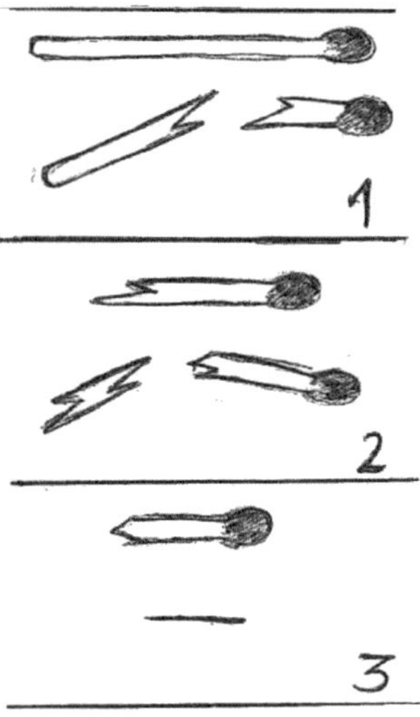

Thema: **Kräfte und ihre Wirkungen**

1.26 Auf der geneigten Ebene

Ort: Sporthalle
Material: Sprossenwand, Turnbänke, Medizinbälle

Beschreibung: Eventuell in Zusammenarbeit mit dem Sportunterricht erhalten die Schüler die Aufgabe, sich auf Turnbänken entlang zu ziehen. Die Bänke sind in unterschiedlicher Höhe in den Sprossenwänden eingehangen (s. Rückseite). Bei der Wiederholung klemmen sich die Schüler einen Medizinball zwischen die Füße. Sie erkennen, dass die Zugkraft von der Neigung und der Gewichtskraft abhängig ist.

Auf der geneigten Ebene

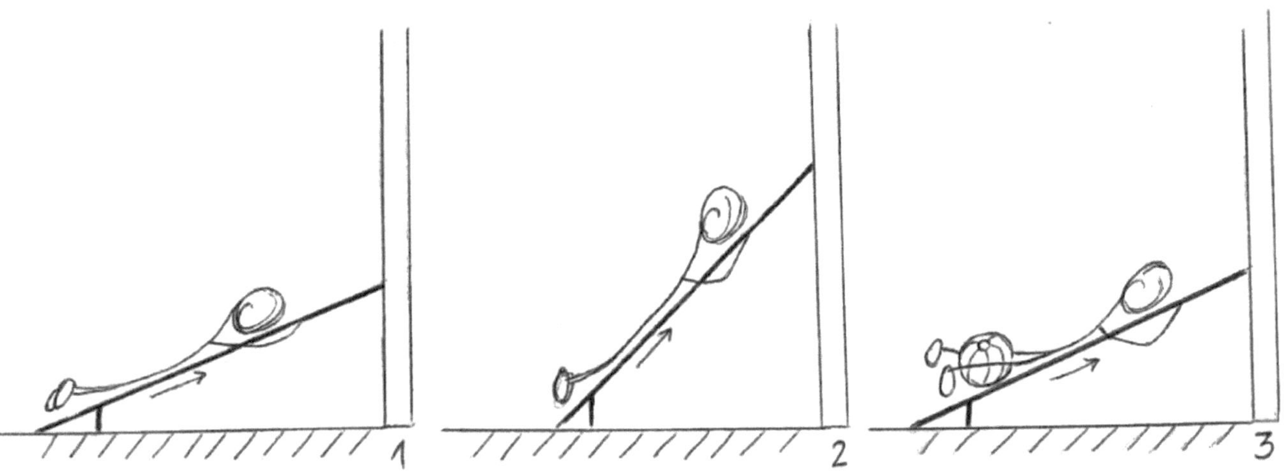

1 Mechanik

Klasse: 7

Thema: **Kräfte und ihre Wirkungen**

1.27 Wippe

Ort: Sporthalle, Spielplatz
Material: Turnbänke, Kastenoberteile oder Sprungbretter

Beschreibung: Turnbänke werden umgedreht und mit der Mitte auf je ein Kastenoberteil gelegt, so dass eine „Wippe" entsteht (s. Rückseite). Die Schüler probieren, wo sie stehen müssen, um mit einem leichteren/schwereren Partner oder mit zwei Mitschülern ins Gleichgewicht zu kommen.

Bankwippe

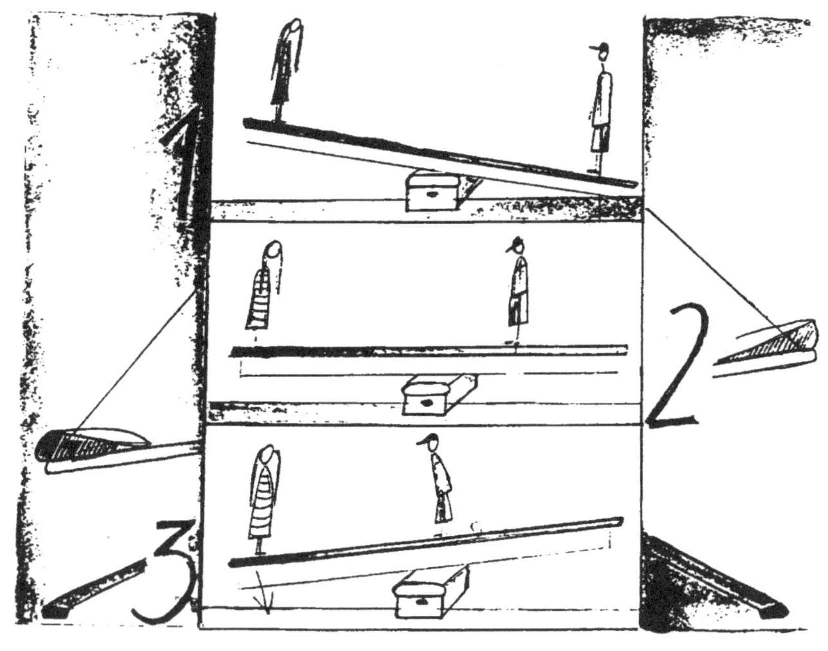

1 Mechanik **Klasse: 7**

Thema: **Kräfte und ihre Wirkungen**

1.28 Gleichgewicht finden

Ort: Unterrichtsraum
Material: unterschiedliche Gegenstände (Lineal, Besen, Stock ...)

Beschreibung: Die Gegenstände werden waagerecht auf beide Zeigefinger gelegt. Die Finger werden bis zum Erreichen des Schwerpunktes zusammengeführt. (s. Rückseite)
Nach dem Ausprobieren kann erklärt werden, wieso der Transport eines Besens, der im Schwerpunkt gehalten wird, mit geringerem Kraftaufwand geschieht als beim Anfassen an anderen Stellen.

Variante: an unterschiedliche Stellen am Besenstil verschiedene Gewichte anhängen

Gleichgewicht finden

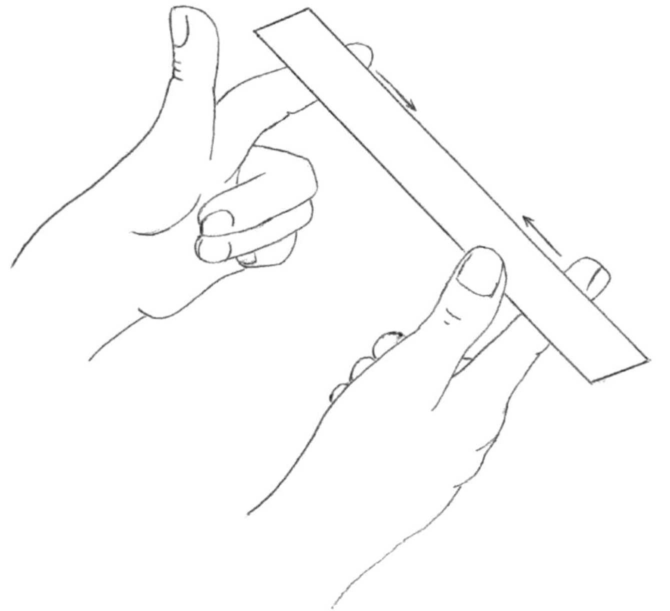

1 Mechanik   Klase: 7

Thema: **Kräfte und ihre Wirkungen**

1.29 Der Hebel macht´s

Ort: Unterrichtsraum
Material: Holzleiste (1 m), Nägel, Hammer, Winkelhebel (Nageleisen), verschiedene Zangen

Beschreibung: Die Schüler schlagen die Nägel in einem Abstand von 20 cm mit dem Hammer in die Holzleiste. Sie ziehen die Nägel mit den verschiedenen Hilfsmitteln aus dem Holz und notieren sich dabei ihre Feststellungen bezüglich der benötigten Kraft (s. Rückseite). Anschließend werden (physikalische) Vor- und Nachteile der benutzen Werkzeuge gegenübergestellt.

Variante: Die Schüler tragen ihre Bewegungserfahrungen aus dem täglichen Leben über den Einsatz von Hebeln zusammen (Fahrradbremse, Nussknacker, Türklinke ...).

Der Hebel macht's

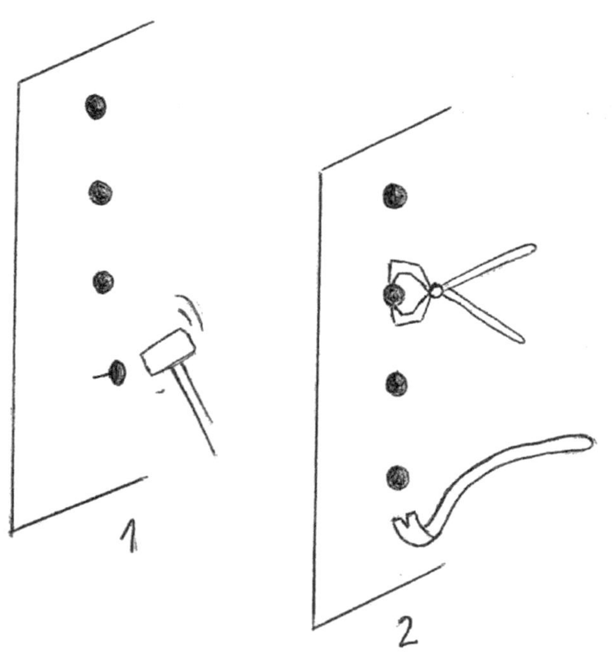

1 Mechanik Klasse: 11

Thema: **Kräfte und ihre Wirkungen**

1.30 Radialkraft

Ort: Unterrichtsraum
Material: Eimer, leichter Gegenstand

Beschreibung: Ein Eimer mit einem leichten Gegenstand (Radiergummi, Softball) oder mit Wasser wird vertikal auf einer Kreisbahn geschwungen, ohne dass der Gegenstand herausfällt. Die Schüler spüren, dass sie im oberen Punkt der Kreisbahn fast keine Kraft aufwenden müssen, im unteren Punkt dagegen umso mehr. Im oberen Punkt ist die Gewichtskraft gleich der für die Kreisbewegung benötigten Radialkraft, im unteren Punkt muss die Gewichtskraft des Eimers mit den Gegenständen ausgeglichen und zusätzlich eine Radialkraft durch die Armmuskulatur aufgebracht werden.

Varianten:

- Die Schüler probieren aus, wie schnell das Gefäß gerade noch gedreht werden muss, damit die Gegenstände nicht herausfallen.
- weitere Beispiele s. Rückseite

Varianten:

- Radien verändern
- In einer vorangestellten Aufgabe, in der die Masse des Körpers und Radius gegeben sind, soll zunächst die mindestens erforderliche Anzahl von Umdrehungen in 10 s berechnet werden. Der erhaltene Wert wird im Experiment überprüft. (Kl. 11).

Thema: **Kräfte und ihre Wirkungen**

1.31 Impuls

Ort: Unterrichtsraum, evtl. Pausenhof
Material: kleine und große Bälle, Medizinbälle

Beschreibung: In Gruppenarbeit wird folgender Versuch durchgeführt und beobachtet: Ein kleiner Ball wird auf einen großen gelegt und beide gleichzeitig fallen gelassen. Die Schüler können beobachten, dass sich nach dem Aufprall der große Ball fast nicht mehr bewegt, der kleine dagegen mit großer Geschwindigkeit. Durch die Impulsübertragung erreicht er eine größere Höhe als in der Ausgangslage.

Variante: Die Schüler werfen einen kleinen Ball gegen einen liegenden schweren und großen Ball bzw. einen schweren großen Ball gegen einen liegenden leichten und beobachten die anschließende Bewegung der Bälle.

1 Mechanik

Klasse: 7

Thema: **Kräfte und ihre Wirkungen**

1.32 Bauwerke

Ort: Unterrichtsraum
Material: -

Beschreibung: Es werden Gruppen gebildet, deren Aufgabe es ist, menschliche „Bauwerke" (Haltefiguren) zu schaffen (Beispiele s. Rückseite). Daraus sollen die Schüler wirkende mechanische Kräfte ableiten, wie Gewichtskraft, sich ändernde Hebelkräfte und Winkel.

Variante: Abschließend könnte mit Bauwerken verglichen und diskutiert werden, wie z. B. Brücken, die wirkende Kräfte aushalten.

Bauwerke

Thema: **Kräfte und ihre Wirkungen**

1.33 Seilschwingen

Ort: Schulhof
Material: (zusammengeknotete) Seile bzw. Doppel-Schwingseil

Beschreibung: Zwei Schüler beginnen das Seil mit großer Amplitude zu schwingen. Ein weiterer Schüler darf jetzt dazwischen treten und springen (s. Rückseite). Nun wird die Amplitude verkleinert. Welche Wirkungen hat dies? ($v = 2\pi \cdot r \cdot n$, n = Drehzahl)
Danach wird die Drehzahl erhöht und man kann beobachten, wie sich dies äußert. Der Schüler im Mittelpunkt hat nun mehr Mühe, nicht am Seil hängen zu bleiben.

Variante: Spiel „Hüpfender Kreis"
Die Klasse bildet ein oder mehrere Kreise. Von der Mitte aus schwingt ein Schüler ein Seil (am Ende mit einem Gymnastikring o. Ä. belastet). Die Mitspieler müssen über das kreisende Seil springen (s. Rückseite), möglichst ohne hängen zu bleiben (Minuspunkt). Im weiteren Verlauf des Spieles wird die Drehzahl erhöht.
(Döbler & Döbler, 2018, S. 342)

1 Sprünge über ein geschwungenes Seil

2 „Hüpfender Kreis“

1 Mechanik

Klasse: 11

Thema: **Wellen oder Ausbreitung von Schwingungen**

1.34 Stehende Wellen

Ort: Unterrichtsraum
Material: Zeigestock oder Besenstiel, Seil, Ring

Beschreibung: Ein Paar befestigt das Seil an dem Ring und steckt dadurch den Besenstiel. Der eine Schüler hält den Besen vertikal, der andere schwingt das etwa 3 m lange Seil auf und ab.
Es ist nun die ankommende mit der reflektierten Welle bezüglich der Richtung der Auslenkung zu vergleichen.

Variante: Einsatz Arbeitsblatt 2 möglich

Thema: **Ausbreitung von Wellen**

1.35 Fadentelefon

Ort: Unterrichtsraum
Material: Faden, Plastikbecher, Schere

Beschreibung: Die Schüler durchbohren die Mitte des Becherbodens und befestigen den vorher durch ein Schlüsselloch geführten Faden. Der Faden muss straff gezogen werden und darf nicht an dem Schlüsselloch reiben. Nun legt der eine Schüler sein Ohr fest an seinen Becher, während der andere laut in den Becher spricht. (s. Rückseite)

Varianten:

- Es sollten verschiedene Bindfäden oder auch Nähgummis benutzt werden. Womit hört man am besten?
- Einsatz Arbeitsblatt 2 möglich

Fadentelefon

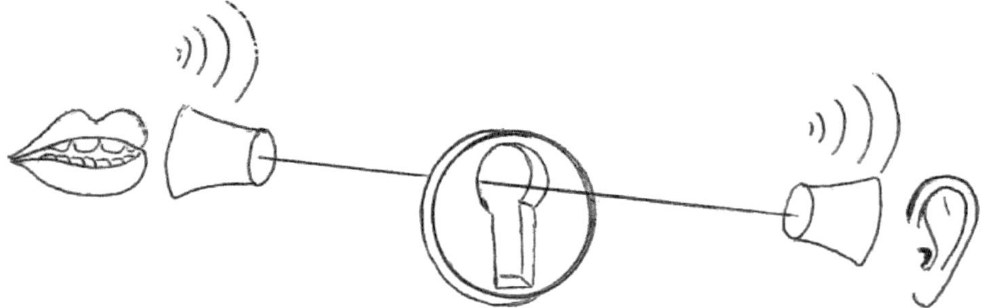

1 Mechanik

Klasse: 8

Thema: **Mechanik der Flüssigkeiten und Gase**

1.36 Auftrieb

Ort: Unterrichtsraum
Material: Eimer, Stein

Beschreibung: Der Schüler hebt aus einem mit Wasser gefülltem Eimer einen Stein vom Boden bis zur Wasseroberfläche. Er schätzt die Masse des Steins. Danach hebt er den Stein aus dem Wasser. Er schätzt die Masse erneut. (s. Rückseite)

Varianten:

- Die Schüler heben vorher Referenzgewichte gleicher Masse oder unterschiedlicher Massen.
- Die Schüler führen den Versuch mit geschlossenen Augen durch (Sicherung des Gefäßes durch andere Schüler!).
- Sie arbeiten in Gruppen bis zu fünf Schülern.
- Die Schüler drücken einen Luftballon unter Wasser. (Linkert, 2017, S. 54)

Auftrieb

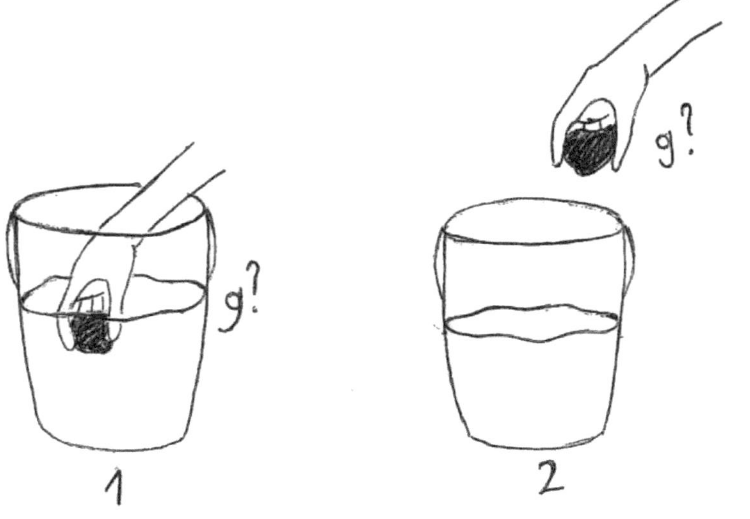

Thema: **Mechanik der Flüssigkeiten und Gase**

1.37 Luftdruck

Ort: Unterrichtsraum
Material: Milchpackung, 1-Cent-Münze

Beschreibung: Der Luftdruck über der Erdoberfläche beträgt ungefähr 100 kPa oder 10 N/cm^2. Dieser Druck entspricht in etwa dem Druck, den die Masse einer 1-Liter-Packung Milch auf die Fläche einer 1-Cent-Münze ausübt. Legt man die Münze auf den Unterarm und stellt die Milchpackung mit einer Ecke auf die Münze, so wird der Druck, der der eigentlichen Höhe des Luftdrucks entspricht, spürbar.

Varianten:

- Andere Alltagsgegenstände der Masse 1 kg können verwendet werden.
- Die Schüler führen den Versuch paarweise durch.
- Die Augen werden dabei geschlossen. Der Partner hält das Gewicht. (Linkert, 2017, S. 53)

Aufgaben:

Beschreibe deine Beobachtungen mithilfe der Fragen!
Was erwartest du, wenn du den doppelten Luftdruck zu spüren bekommen sollst?
War der Druck in der erwarteten Stärke?

Ergänzende Fragen:
Ist der Luftdruck überall gleich groß?
Wie ändert sich der Luftdruck, wenn man einen hohen Berg besteigt?

Thema: **Mechanik der Flüssigkeiten und Gase**

1.38 Vom Fliegen

Ort: Unterrichtsraum
Material: Postkarte, evtl. Kassenbon

Beschreibung: Eine der Länge nach gebogene Postkarte liegt mit der Wölbung nach oben auf dem Tisch. Der Schüler pustet durch die Öffnung und versucht, die Postkarte umzudrehen. Es wird ihm nicht gelingen. Die Summe aus statischem Druck, Schweredruck und Staudruck ist für reibungsfreie Gase und Flüssigkeiten konstant (Bernulli-Gleichung). Je größer die Strömungsgeschwindigkeit eines Gases, desto kleiner ist der statische Druck, also der Druck senkrecht zur Strömungsrichtung. Der Druck, der von unten gegen die Postkarte wirkt, wird also kleiner. Der Druck, der von oben auf die Postkarte wirkt, bleibt gleich. Die Postkarte wird an den Tisch gedrückt. (Linkert, 2017, S. 55)

Varianten:
- Die Schüler verwenden einen Kassenbon statt einer Postkarte.
- Einbeziehung Zeichnung Beispiel 1.39 „Kerze auspusten“

Beschreibe und erkläre deine Beobachtungen mithilfe der Fragen!

Wie ändert sich die Form der Postkarte, wenn du kräftig pustest?
Wie ändert sich der Luftdruck an der Oberseite bzw. an der Unterseite der Postkarte?

Ergänzende Fragen:
Wie muss die Tragfläche eines Flugzeugs geformt sein, um sich dieses Phänomen zu Nutze zu machen?
„Druckabfall im Kabinenraum!“ heißt es, wenn ein Flugzeug während des Fluges ein Leck hat.
Erkläre diesen Ausruf!

Thema: **Mechanik der Flüssigkeiten und Gase**

1.39 Kerze auspusten

Ort: Unterrichtsraum
Material: entsprechend der Experimente

Beschreibung: An verschiedenen Stellen im Raum sind Experimente zu den strömenden Gasen (s. Rückseite) aufgebaut. Die Schüler gehen durch den Raum, führen die Experimente durch und tragen in eine Tabelle ein, was sie beobachtet haben und wie sie sich dies erklären.

Variante: Experimente zu Schweredruck, Gasdruck

Vorschläge für Experimente (Göbel, 1993, S. 31)

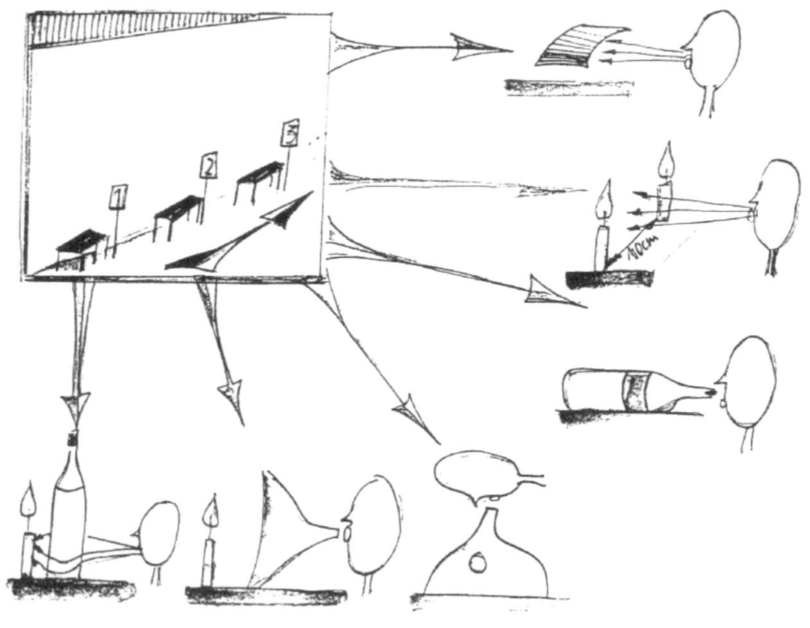

2 Thermodynamik   Klase: 6

Thema: **Temperatur und Zustand von Körpern**

2.1 Warm oder kalt?

Ort: Unterrichtsraum, Schulhaus und Pausenhof
Material: Schüsseln mit lauwarmem und warmem Wasser, Thermometer

Beschreibung: Die Schüler verteilen sich in zwei Gruppen. Eine Gruppe reibt im Freien ihre Hände mit Schnee ein (bzw. kaltes Wasser verwenden). Die andere Gruppe taucht die Hände in eine Schüssel mit warmem Wasser ein. Anschließend legen beide Gruppen ihre Hände in die Schüssel mit lauwarmem Wasser (s. Rückseite) und schätzen ein, ob das Wasser heiß, warm, lauwarm oder kalt ist. Der Unterschied zwischen den beiden Gruppen verdeutlicht die Unzuverlässigkeit unseres Temperatursinnes.

Warm oder kalt?

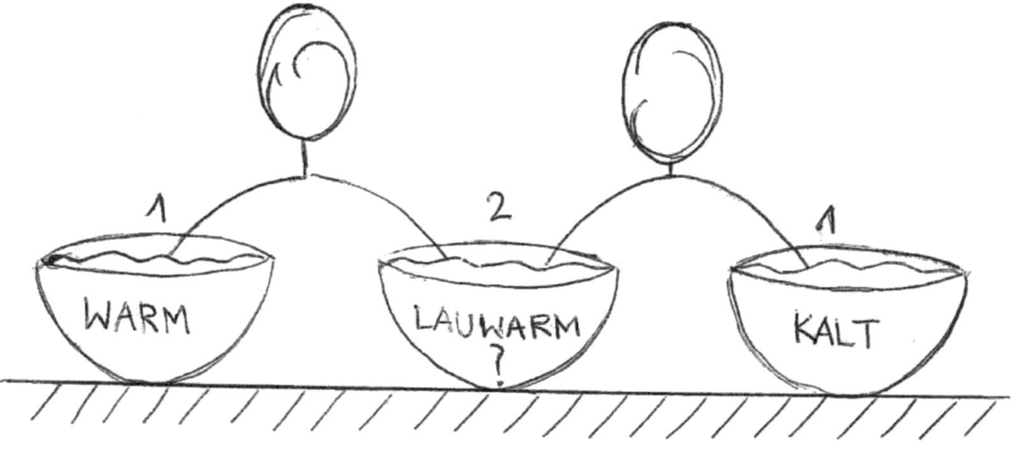

Thema: **Temperatur und Zustand von Körpern**

2.2 Bankwechsel

Ort: Unterrichtsraum
Material: Frage-Antwort-Karten (von beauftragten Schülern angefertigt)

Beschreibung: Auf jedem Platz liegt eine Fragekarte mit charakteristischen Temperaturen (gefrierendes, siedendes Wasser, Körpertemperatur des Menschen u. a.), die in einer anderen Skala angegeben werden sollen. Auf der Rückseite stehen die Lösungen. Die Schüler suchen sich immer einen freien Platz, schreiben die Aufgabe und Lösung in ihr Heft und vergleichen mit der Rückseite.

Variante: (Beispiele s. Rückseite)

Frage-Antwort-Karten

Siedepunkt des Wassers auf Meereshöhe	Schmelzpunkt des Eises	Übergang vom gasförmigen in den flüssigenAggregatzustand
100 °C	0°C	Kondensieren
Anomalie des Wasser	Körpertemperatur Mensch	absoluter Nullpunkt
hat bei 4°C die größte Dichte	36°C	-273 °C/0K
Übergang fest zu gasförmig	Siedetemperatur des Wassers auf dem Mount Everest	Temperatur auf der Sonnenoberfläche
Sublimieren	70°C	5500 °C

Thema: **Temperatur und Zustand von Körpern**

2.3 Welche Aggregatzustandsänderungen?

Ort: Unterrichtsraum
Material: Texte

Beschreibung: Kleingruppen erhalten einen Text, z. B. zu Aggregatzustandsänderungen (s. Rückseite). Sie schneiden die Sätze auseinander und legen diese verdeckt auf Tische mit Schildern zu den einzelnen Aggregatzuständen. Zum Abschluss werden alle Zettel gedreht und die richtige Zuordnung gemeinsam verglichen.

Aggregatzustandsänderungen:

Eine Brille beschlägt.

Feuchtes Holz trocknet bei längerer Lagerung im Laufe der Zeit.

Die Innenwände einer Brotdose sind feucht.

Eine Wachskerze wird angezündet.

Wasser brodelt.

Ein Eiszapfen taut.

Nebel bildet sich.

Fett wird flüssig in den Kühlschrank gestellt.

Flüssiger Teer wird in die Betonfugen der Autobahn gefüllt.

Ein Draht wird angelötet.

Das Kaffeewasser kocht.

In Räumen mit trockener Heizungsluft wird ein Gefäß mit Wasser aufgestellt.

(Göbel, 1991, S. 8)

Thema: **Temperatur und Zustand von Körpern**

2.4 Aggregatzustände

Ort: Unterrichtsraum
Material: evtl. Karten (s. Rückseite), Klebeband

Beschreibung: Die Schüler stellen sich in Dreierreihen auf, fassen die Hände und schwingen. Bei „flüssig!" lassen sie los und bewegen sich umeinander herum, bei „gasförmig!" gehen sie in eine beliebige Richtung geradlinig bis zu einer Wand und geradlinig wieder in eine andere Richtung zurück.

Varianten: **Sich finden**

- Die Schüler tragen die Karten (s. Rückseite) vor sich und finden sich paarweise.
- Der Schüler zieht eine Karte und klebt diese seinem Nachbarn auf den Rücken, so dass dieser sie nicht sieht. Ohne zu sprechen, soll jeder seinen dazugehörigen Partner finden. (s. Beispiel 7.5)
- Gruppen ordnen sich zu einer Struktur.

Aggregatzustandsänderungen

Übergang von von fest zu flüssig	**Übergang von von flüssig zu fest**	**Übergang von flüssig zu gasförmig**	**Übergang von gasförmig zu flüssig**
Übergang von fest zu gasförmig	**Übergang von gasförmig zu fest**		
Verdampfen	**Schmelzen**	**Sieden**	**Erstarren**
Kondensieren	**Verdunsten**	**Sublimieren**	**Resublimieren**

(kann erweitert werden)

2 Thermodynamik **Klasse: 6-8**

Thema: **Temperatur und Zustand von Körpern**

2.5 Thermometer

Ort: Unterrichtsraum
Material: Platikflaschen, Strohhalme, Knete

Beschreibung: Eine Plastikflasche wird wenig mit kaltem Wasser gefüllt. Durch den durchgestochenen Deckel wird ein Strohhalm in die Flasche geführt. Der Strohhalm und der Deckel werden mit Knete abgedichtet. Der Schüler legt die Hände um die Flasche und beobachtet, wie das Wasser im Strohhalm langsam nach oben steigt. Aufgrund der Erwärmung der Luft in der Flasche durch die Wärme der Hände sinkt die Dichte und steigt das Volumen der Luft. Dadurch wird das Wasser in der Flasche durch den Strohhalm gedrückt.

Varianten: s. Rückseite

Varianten:

- Das Wasser in der Flasche kann man färben, dann wird die Sichtbarkeit erhöht.
- Die Schüler arbeiten in Gruppen mit maximal fünf Schülern. Mehrere Schüler legen die Hände um die Flasche.
- Der Schüler schüttelt 1 Minute ein mit Wasser gefülltes verschließbares Gefäß. Die erzeugte Teilchenbewegung verursacht eine Temperatur- und Volumenänderung des Wassers. Bei Gruppen kann die Schüttelzeit verlängert werden, indem sich die Schüler abwechseln. Die Temperaturerhöhung ist messbar (Zusammenhang von Temperatur und Teilchenbewegung). (Linkert, 2017, S. 47)

2 Thermodynamik **Klasse: 7-8**

Thema: **Temperatur und Zustand von Körpern**

2.6 Wärmeleitung

Ort: Unterrichtsraum
Material: Materialien s. Beschreibung

Beschreibung: Die Schüler gehen barfuß über Laminat, Holz, Metall, Teppich (s. Rückseite). Obwohl die Materialien die gleiche Temperatur haben, leiten die Stoffe die Körperwärme von den Fußsohlen unterschiedlich stark ab.

Varianten:

- Die Schüler fassen die unterschiedlichen Materialien mit den Händen an.
- Die Schüler schließen die Augen beim Gehen über die verschiedenen Böden.
- Stationsarbeit: Die Gruppen tauschen sich untereinander aus. (Linkert, 2017, S. 57)

Wärmeleitung

LAMINAT
HOLZ
METALL
TEPPICH
GLEICHE TEMP

Thema: **Temperatur und Zustand von Körpern**

2.7 Warum ist das so?

Ort: Unterrichtsraum, Schulhaus

Material: -

Beschreibung: An der Tafel sind Probleme notiert (z. B.: Warum kann nasse Badebekleidung trotz Sonnenschein zur Erkältung führen? Wodurch sind Eisbären vor der Unterkühlung geschützt?). Jeder Schüler sucht sich einen Partner, diskutiert ein Problem mit ihm, geht zum nächsten Mitschüler.
Abschließend werden die Probleme gemeinsam geklärt.

Variante: unterschiedliche Entlastungshaltungen anwenden (s. Beispiel 6.3)

Thema: Temperatur und Zustand von Körpern

2.8 Ausstellung

Ort: Unterrichtsraum
Material: Gegenstände aus unterschiedlichen Materialien (s. unten)

Beschreibung: Gegenstände aus Kupfer, Messing, Bronze, Nickel, Gold, Eisen, Zinn ... werden im Raum verteilt. Kleinere Schülergruppen fertigen für jeweils einen Gegenstand ein Ausstellungsschild an: Bezeichnung, Zweck, Eigenschaften (Härte, Schmelzpunkt, ...). Anschließend legen sich alle eine Tabelle an. Jeder geht zu einem Gegenstand, prägt sich die Fakten ein, schreibt sie am Platz in die Tabelle.

Varianten:

- Bei einem ähnlichen Aufbau könnte in Klasse 7/8 die elektrische Leitfähigkeit getestet werden.
- Ebenfalls besteht die Möglichkeit, eine Ausstellung zur Anwendung der Volumenänderung anzufertigen.
- Die Ausstellung kann im Schulhaus präsentiert werden, evtl. mithilfe von Postern (s. Rückseite).

Ausstellung

Thema: **Temperatur und Zustand von Körpern**

2.9 Wärmekraftmaschinen

Ort: Unterrichtsraum
Material: Modelle, Nachschlagewerke, evtl. Computer zur Recherche

Beschreibung: Anhand der ausliegenden Materialien informieren sich die Schüler paarweise/in Kleingruppen über die historische Entwicklung, über Aufbau und Wirkungsweise der Wärmekraftmaschine. Sie fertigen sich entsprechende Notizen an. Abschließend können die Aufzeichnungen anhand von zusammenfassenden Folien, Poster o. Ä. auf Vollständigkeit überprüft werden.

Varianten:

- alternative Energiequellen
- Umweltschäden durch Verbrennungsprozesse u. a.

Beispiel zur Illustration der Funktionsweise:

Die Öffnung einer Glasflasche (z. B. Liter-Wasserflasche) wird mit einer Münze (z. B. 10 ct) vollständig abgedeckt. Die Flasche wird in ein Gefäß (z. B. Topf oder Plastikwanne) gestellt und anschließend heißes Wasser eingefüllt.
Die Münze beginnt sich zu heben und zu senken. Dadurch wird ein Klappern hörbar.

Eine Beobachtung und Beschreibung kann zu Beginn des Themas erfolgen, eine physikalische Erklärung zur oder nach Bearbeitung der Grundlagen der Funktionsweise.

3 Elektrizitätslehre

Klasse: 6-8

Thema: **Elektrischer Stromkreis**

3.1 Ohne Strom!

Ort: Unterrichtsraum
Material: -

Beschreibung: In Kleingruppen überlegen sich die Schüler eine Situation im Alltag, bei der plötzlich die Elektrizität fehlt, z. B. Fahrstuhl außer Betrieb, Rasieren ohne elektrischen Rasierer. Sie üben eine kleine szenische Darstellung ein und präsentieren diese vor den anderen Gruppen.

Varianten:
- Energie im Alltag (Arbeitsblatt 1)
- Poster anfertigen (s. Rückseite)

Problemzone:
Küche

→ Warten bis er voll ist
↓
mit Hand abwaschen ist umweltfreundlicher.

Ist manchmal besser & schneller als ein Backofen. ←

Wenn man wegfährt
→ auch mal ausschalten.

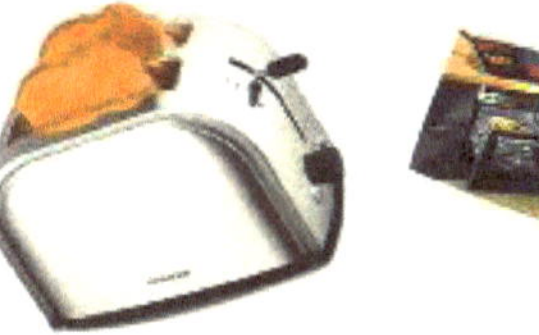

Problemzone:
Wohnzimmer

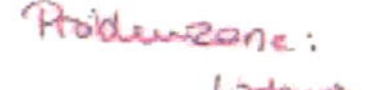

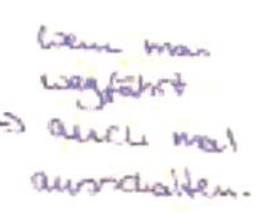

Besser ist ausschalten als auf Standby schalten.
↳ Bei Lampen Energiesparlampen nutzen.

3 Elektrizitätslehre **Klasse: 6-9**

Thema: **Elektrischer Stromkreis**

3.2 Elektronen

Ort: Unterrichtsraum
Material: -

Beschreibung: Die Schüler stellen sich in Zweier- oder Dreierreihe auf und schwingen ihre Körper. Einige Schüler kämpfen sich als „Elektronen" durch die Reihen. Bei „heiß!" schwingen alle stark. Die Elektronen haben es nun schwer! (s. Rückseite)

Varianten:

- Gleich- und Wechselstrom durch gerichtete bzw. Pendelbewegung darstellen
- Halbleiter darstellen, z. B. mit Verwendung von Stühlen. Elektronen bewegen sich von einem freien Stuhl zum anderen.

Elektronen

3 Elektrizitätslehre **Klasse: 6-9**

Thema: **Elektrischer Stromkreis**

3.3 Schaltbild

Ort: Unterrichtsraum
Material: Karten mit Schaltzeichen

Beschreibung: Jeder Schüler stellt ein elektrisches Bauelement (bspw. Spannungsquelle, Verbraucher, Leitungen) dar. Ein Schaltzeichen soll umgehangen werden. So kann jeder erkennen, wer welches Bauteil darstellt. Durch gegenseitiges Anfassen bei den Händen werden die Bauteile verbunden. Die Polung einzelner Bauelemente (z. B. Spannungsquelle) kann vorher festgelegt werden (die rechte Hand ist der negative Pol der Spannungsquelle).

Varianten:

- Einfacher Stromkreis, Reihenschaltung, Parallelschaltung; mit/ohne Messgeräte, Spulen, Widerstände, Glühlampen usw. (s. Zeichnungen 3.4 „Stromkreis)
- Schüler als Elektronen gehen entlang der Schaltung; wenn eine Lücke entsteht, stoppen die „Elektronen".
- Seile oder Jacken können als Experimentierkabel zur Verbindung der Bauteile verwendet werden. (Linkert, 2017, S. 45)

Aufgabe:

Ergänzende Fragen:
Was passiert, wenn ein Schüler den anderen loslässt?
Können sich berührende menschliche Körper tatsächlich Strom leiten? Unter welchen Bedingungen?

Thema: **Elektrischer Stromkreis**

3.4 Stromkreis

Ort: Unterrichtsraum
Material: evtl. Kreide oder Seile

Beschreibung: Arbeit in Vierergruppen: Auf dem Boden werden Stromkreise entsprechend vorgegebener Abbildungen mit Kreide aufgezeichnet oder mit Seilen gelegt. So wie der Strom fließen würde, gehen die Schüler den Stromkreis ab.

Varianten:

- Einzelne Schüler bilden Schalter, Stromquellen, Lampen, Maschinen.
- Die Schüler, die den Stromkreis abgehen, müssen die anderen Schüler und deren Zeichen (z. B. Lampe an) beachten.
- Veranschaulichung von Reihenschaltung, Parallelschaltung (s. Rückseite)

Stromkreis:

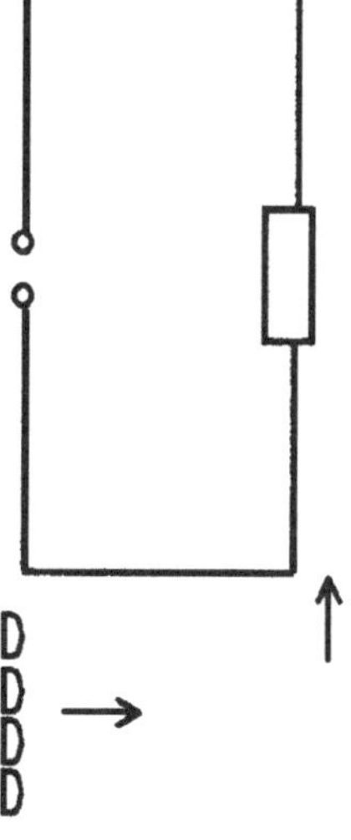

unverzweigter Stromkreis (Reihenschaltung)

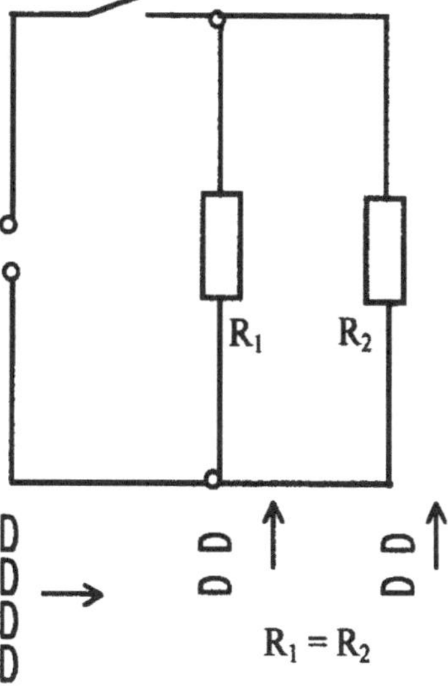

verzweigter Stromkreis (Parallelschaltung) mit gleichgroßen Widerständen

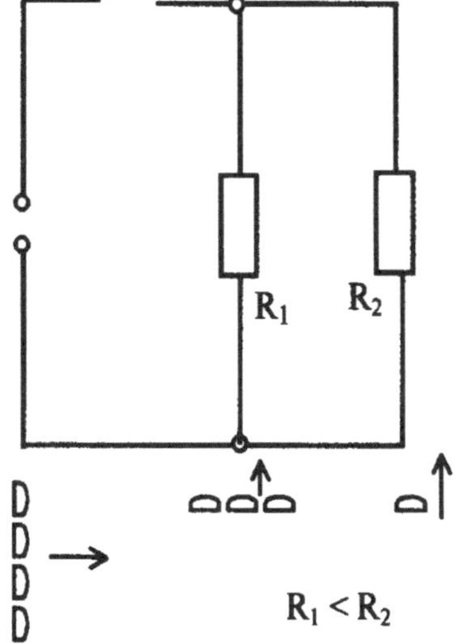

verzweigter Stromkreis (Parallelschaltung) mit unterschiedlich großen Widerständen

Thema: **Elektrischer Stromkreis**

3.5 Was fehlt?

Ort: Unterrichtsraum
Material: -

Beschreibung: Jeder zeichnet sich auf die Rückseite seines Blattes einen Schaltkreis (z. B. Schaltpläne Beispiel 3. 4 oder Schaltpläne im Lehrbuch oder Arbeitsheft nutzen). Auf die Vorderseite wird der gleiche Schaltkreis aufgezeichnet, in dem aber etwas fehlt. Die eine Hälfte der Klasse sucht sich einen neuen Platz, erklärt dem Partner, was fehlt, und wechselt weiter. Gruppentausch.

Varianten:
- Fehler einzeichnen und erkennen
- bei der Partnerarbeit auch Art der Stromkreise benennen, Symbole der Schaltung erklären, Grundgrößen charakterisieren

Thema: **Elektrische Ladung**

3.6 Elektrostatische Kräfte

Ort: Unterrichtsraum
Material: Luftballons, Schnur, Wollpullover bzw. Wolllappen

Beschreibung: Der Schüler reibt zwei aufgeblasene Luftballons an seinem Wollpullover. Die Luftballons haben nun einen Elektronenüberschuss, sind negativ geladen. Der Pullover hat Elektronen abgegeben, ist folglich positiv geladen. Lässt der Schüler beide Ballons mit ausgestrecktem Arm an Schnüren herabhängen, erkennt er, wie sie sich gegenseitig abstoßen. Nähert er die Ballons dem Pullover an der linken bzw. an der rechten Schulter, so haften sie an dem Pullover an. (s. Rückseite)

Varianten:
- Zeitungspapier an der Wand reiben (Das Papier bleibt haften.)
- in Dreiergruppen arbeiten (zwei Ballonträger, ein Wollpulloverträger)
- mehrere Ballons verwenden
- die Ladungen zwischendurch abtragen lassen (Linkert, 2017, S. 56)

Elektrostatische Kräfte

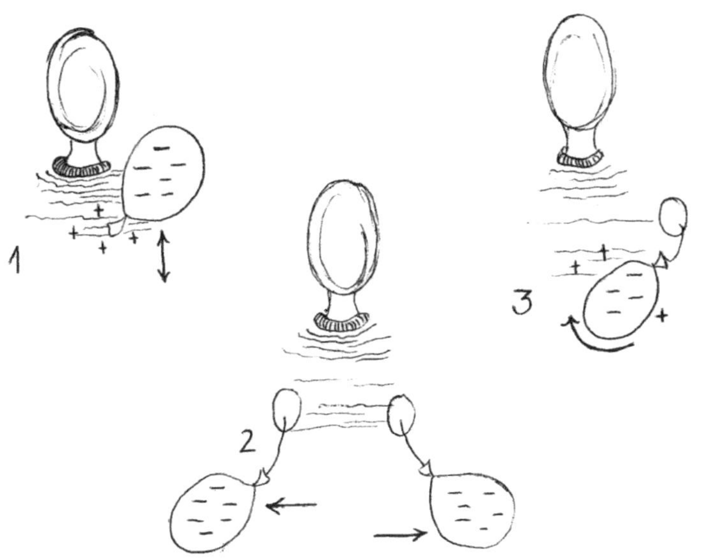

3 Elektrizitätslehre **Klasse: 9-11**

Thema: **Elektrische Feldlinien**

3.7 Kraftwirkung auf elektrisch positiv geladene Teilchen

Ort: Unterrichtsraum, Pausenhof

Material: einige Stäbe, einen Reifen, zwei Bälle zur Darstellung der feldverursachenden Ladungen bzw. Elektroden; alternativ mit Kreide auf Boden malen bzw. „einritzen" mit einem Stock

Beschreibung: Der Lehrer zeichnet bzw. legt verschiedenartige feldverursachende Elektroden auf den Fußboden (s. Rückseite). Die Schüler sollen sich nun jeweils in die Rolle elektrisch positiv geladener Teilchen versetzen, die sich an der positiven Elektrode befinden. Dazu bewegen sie sich so, wie es die Gesetze des elektrischen Feldes verlangen. Sie setzen sich dadurch konkret mit der Kraftwirkung auf geladene Teilchen auseinander und bekommen eine gute Vorstellung von der Bedeutung der Feldlinienbilder.

Kraftwirkungen auf elektrisch positiv geladene Teilchen

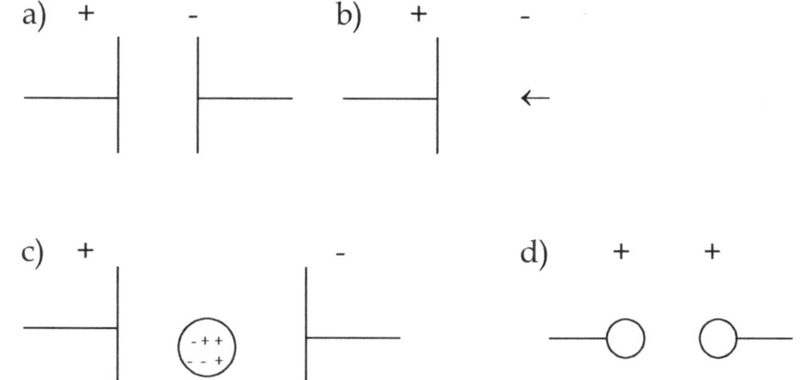

4 Optik

Klasse: 6

Thema: **Ausbreitung des Lichts**

4.1 Schattenprofil

Ort: Unterrichtsraum

Material: DIN-A3-Blatt oder größer, Lichtquelle (z. B. Taschenlampe, Overheadprojektor, Smartphone-LED)

Beschreibung: Es werden Dreiergruppen gebildet. Ein Schüler zeichnet das Profil eines anderen Schülers anhand dessen Schattenlinien auf ein an der Wand befestigtes Blatt. Ein dritter Schüler hält die Lichtquelle.

Varianten:

- Die Schüler zeichnen andere Körperteile.
- Das Modell steht, sitzt, stellt eine Figur dar.
- Die Schüler arbeiten paarweise. Die Lichtquelle ist fixiert.
- Stationsarbeit: Nach Vorgabe werden verschiedene Schattenfiguren an den Stationen (Schulbank, Wand) gezeichnet. (Linkert, 2017, S. 22)

Aufgaben:

Beschreibe deine Beobachtungen mithilfe der Fragen!
Wie ändern sich die Schatten, wenn die Person weiter vom Schirm wegrückt?
Wie ändern sich die Schatten, wenn die Lichtquellen näher an die Person rücken?
Wie ändern sich die Schatten, wenn die Lichtquellen näher zusammen oder weiter auseinander rücken?
Wann sind die Schattenlinien scharf und wann sind sie unscharf?

Ergänzende Fragen:
Wo kannst du Halbschatten und Kernschatten im Alltag sehen?
Wann befindet sich die Erde im Schatten des Mondes. Wie heißt dieses Phänomen?

4 Optik

Klasse: 6

Thema: **Ausbreitung des Lichts**

4.2 Halb- und Kernschatten

Ort: Unterrichtsraum

Material: DIN-A3-Blatt oder größer, Lichtquelle (z. B. Taschenlampe, Overheadprojektor, Smartphone-LED)

Beschreibung: Es werden Dreiergruppen gebildet. Zwei Schüler mit Abstand 1 m haben jeweils eine Lichtquelle in der Hand. Ein Schüler befindet sich zwischen den Lichtquellen und der Wand. Bei abgedunkeltem Raum und passendem Abstand der Lichtquellen zu Schüler und Wand sind deutlich Halb- und Kernschatten an der Wand zu erkennen.

Varianten:

- Die Schüler bilden Vierergruppen, so kann sich immer ein Schüler wechselweise auf die Beobachtung der Schatten konzentrieren.
- Die Schüler arbeiten paarweise, die zwei Lichtquellen sind fixiert. (Linkert, 2017, S. 33)

Aufgaben:

Beschreibe deine Beobachtungen mithilfe der Fragen!
Wie ändern sich die Schatten, wenn die Person weiter vom Schirm wegrückt?
Wie ändern sich die Schatten, wenn die Lichtquellen näher an die Person rücken?
Wie ändern sich die Schatten, wenn die Lichtquellen näher zusammen oder weiter auseinander rücken?
Wann sind die Schattenlinien scharf und wann sind sie unscharf?

Ergänzende Fragen:
Wo kannst du Halbschatten und Kernschatten im Alltag sehen?
Wann befindet sich die Erde im Schatten des Mondes. Wie heißt dieses Phänomen?

4 Optik

Klasse: 6

Thema: **Ausbreitung des Lichts**

4.3 Absorption

Ort: Unterrichtsraum, Schulgebäude, Pausenhof
Material: helles und dunkles T-Shirt, evtl. Thermometer

Beschreibung: Ein helles T-Shirt und dunkles T-Shirt liegen für mindestens eine Minute in der Sonne. Danach können alle Schüler durch Berühren der Kleidungsstücke spüren, dass das dunkle T-Shirt wärmer ist als das helle T-Shirt.

Varianten:

- Bei Bewölkung kann eine Rotlichtlampe verwendet werden.
- Ein Schüler mit hellem und ein Schüler mit dunklem Kleidungsstück finden sich paarweise zusammen und sie werden in der Sonne platziert.
- ACHTUNG: Belehrung über die Wirkung von UV-Strahlung! Evtl. Kopfbedeckung und Sonnencreme verwenden! Andere Körperteile bedecken!
- Je ein Thermometer in einen hellen und in einen dunklen Stoff einzuwickeln, dies bestätigt die Wahrnehmung. (Linkert, 2017, S. 34-35)

Aufgaben:

Beschreibe deine Beobachtungen mithilfe der Fragen!
Welche Körper absorbieren Licht sehr gut?
Welche Körper reflektieren Licht sehr gut?

Weiterführende Fragen:
Welche Körper lassen Licht sehr gut hindurch?
Absorbiert eine raue Oberfläche mehr Licht als eine glatte Oberfläche?
Ein Plissee ist eine Art Rollo und wird an Fenstern angebracht. Die lichttechnischen Werte der Hersteller geben Auskunft über den Lichtreflexionsgrad, den Lichttransmissionsgrad und den Lichtabsorptionsgrad jedes Plissees. Was könnten diese Werte bedeuten?

4 Optik **Klasse: 6-10**

Thema: **Ausbreitung des Lichts**

4.4 Lochkamera

Ort: Schulumgebung
Material: Lochkamera (Schuhkarton mit Loch und Transparentpapier)

Beschreibung: In Gruppenarbeit werden vorbereitend Lochkameras (s. oben) angefertigt. Auf einem Unterrichtsgang skizzieren die Schüler Objekte mittels der Lochkamera (s. Rückseite).

Variante: Verbindung zum Fach Kunst (Canaletto)

Funktion einer Lochkamera

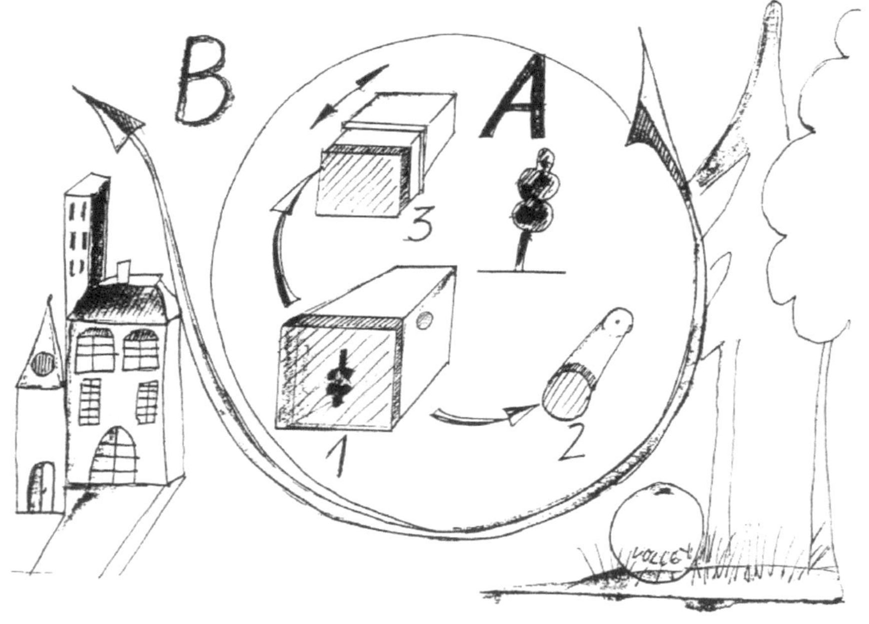

4 Optik

Klasse: 6-10

Thema: **Ausbreitung des Lichts**

4.5 Lichtstrahlen

Ort: Unterrichtsraum, evtl. Schulhof/Sporthalle
Material: evtl. Bälle

Beschreibung: Die Schüler gehen den Weg der Lichtstrahlen ab:
- allseitige Ausbreitung
- geradlinige Ausbreitung

Varianten:
- Reflexion mit Bällen auf dem Schulhof oder in der Sporthalle (Einfallswinkel = Reflexionswinkel)
- s. oben mit Tischtennisbällen im Unterrichtsraum

4 Optik

Klasse: 6

Thema: **Reflexion des Lichts**

4.6 Reflexion

Ort: Unterrichtsraum, Schulgebäude, Pausenhof
Material: Alufolie

Beschreibung: Die Schüler schneiden ein Stück Alufolie nach Anleitung aus und formen es kegelförmig um die Fingerkuppe. Zeigt der Finger in Richtung Sonne, spürt der Schüler schnell eine Erwärmung der Fingerkuppe.

Variante: Bei Bewölkung kann eine Rotlichtlampe verwendet werden. (Linkert, 2017, S. 36)

Aufgaben:

Beschreibe was passiert, wenn du deinen Finger in die Sonne hältst!

Ergänzende Fragen:
Wie funktioniert ein Sonnenkollektor?
Was ist Solarthermie?
Wie entsteht Strom aus Sonnenlicht?

Thema: **Reflexion des Lichts**

4.7 Strahlengang

Ort: Unterrichtsraum
Material: Seil

Beschreibung: Fünf Schüler stellen den Strahlenverlauf des Lichtes am Hohlspiegel dar. Jeder Schüler stellt den Weg eines Lichtstrahls des parallel einfallenden Lichts zur Schau. Er geht von der Lichtquelle (Startlinie) zum Hohlspiegel (Seil) und weiter von der Spiegelfläche nach dem Reflexionsgesetz Richtung Brennpunkt des Hohlspiegels, wo sich alle Schüler treffen und weiter gehen.

Varianten:

- Der gelaufene Weg der Schüler wird markiert (bleibt sichtbar).
- Die Schüler arbeiten in Gruppen mit bis zu fünf Schülern. Jede Gruppe bekommt eine Aufgabe zur Darstellung. Die Gruppen präsentieren ihre Ergebnisse.
- Die Schüler verkörpern die Brechung an Linsen. (Linkert, 2017, S. 37-38)
- Die Schüler stellen die Bildentstehung an optischen Geräten dar.
- Die Schüler treten den Rückweg an (Umkehrbarkeit des Lichtweges).

Aufgaben:

Erläutere, ...

- warum alle Schüler zu Beginn in die gleiche Richtung laufen.
- warum alle Schüler mit der gleichen Geschwindigkeit laufen sollten.
- warum bei Reflexion am Hohlspiegel der Einfallswinkel auch gleich dem Reflexionswinkel ist.

Ergänzende Frage:

Wie heißt der Punkt, in dem die Schüler aufeinander treffen?

4 Optik

Klasse: 6

Thema: **Brechung des Lichts**

4.8 Brechung des Lichts

Ort: Unterrichtsraum
Material: -

Beschreibung: Ein Schüler stellt die Brechung des Lichts an einer Grenzfläche zwischen zwei Stoffen (Luft und Wasser) figürlich dar. Die gedachte Grenzfläche verläuft waagerecht in Höhe der Schulter. Die Körperlängsachse stellt das Lot dar. Der rechte Arm zeigt die Richtung des einfallenden Strahls. Der linke Arm zeigt die Richtung des gebrochenen Strahls.

Varianten: s. Rückseite

Varianten:

- Lot, Grenzfläche, einfallender und gebrochener Strahl können in ihrem Verlauf mit farbigem Tapeband deutlich hervorgehoben werden.
- Die Schüler stellen die Brechung und Totalreflexion beim Übergang des Lichtes von Wasser in Luft dar.
- Gruppenarbeit: Jede Gruppe soll die Brechung des Lichts beim Übergang von einem bestimmten Medium zu einem anderen darstellen. Die anderen Schüler benennen die bestimmten Medien.
- Schülergruppen bekommen vom Lehrer vorgegebene Stoffe und Einfallswinkel. Sie müssen innerhalb einer bestimmten Zeit einen Schüler der Gruppe entsprechend der Aufgabenstellung ausrichten. (Linkert, 2017, S. 40)

4 Optik **Klasse: 6-10**

Thema: **Farben**

4.9 Farbmischung

Ort: Unterrichtsraum
Material: Smartphone

Beschreibung: Drei Schüler leuchten mit dem Smartphone-Display unter Verwendung der kostenfreien App „Color Flashlight" jeweils in der Farbe Rot, Grün und Blau auf ein weißes Blatt. Die Farben mischen sich additiv zu weißem Licht. Das Blatt erscheint weiß. ACHTUNG: Bei Smartphonebenutzung Hausordnung der Schule beachten.

Varianten:

- mehr als die drei oben genannten Farben des Spektralbereichs verwenden
- weiße Wände des Unterrichtsraumes anstelle von Blättern nutzen (Linkert, 2017, S. 39)

5 Energie

Klasse: 7

Thema: **Energieumwandlung**

5.1 Energie überall

Ort: Unterrichtsraum

Material: verschiedene Gegenstände oder Werkzeuge, mit deren Hilfe Energie von einer Form in eine andere umgewandelt werden kann, z. B.: Kerze, Kohle, Stück Holz, Streichholz, Brot, Apfel, Traubenzuckertabletten, Batterie, Glühlampe, Stück Kupferdraht, Fön, Tauchsieder, Rührgerät oder Handrührer, Kaffeemühle, Dynamo, Gitarre, Kofferradio, batteriebetriebenes Spielzeugauto, Armbanduhr, Spiralfeder, Bremsbacken, Bürste

Beschreibung: Die Gegenstände werden wahllos im Zimmer verteilt. In der Raummitte wird auf dem Fußboden mit Kreide oder beschrifteten Blättern eine große Tabelle dargestellt, in deren untersten Reihe die Ausgangsenergieformen und in der linken Spalte die Endenergieformen notiert sind (s. Rückseite). Die Schüler gehen nun durch den Raum, wählen sich Gegenstände aus und legen sie in das richtige Feld der Tabelle (z. B.: Beim Essen eines Brotes wird chemische Energie in innere Energie umgewandelt. ⇒ 4. Spalte, 3. Zeile). Ist die Tabelle vollständig oder wissen die Schüler einige Gegenstände nicht zuzuordnen, werden Fragen und Mehrfachmöglichkeiten gemeinsam diskutiert und ausgewertet.

Variante: Das Beispiel kann auch als Wettkampf zwischen zwei Schülergruppen durchgeführt werden. In diesem Fall werden (möglicherweise in verschiedenen Räumen) zwei Tabellen erstellt, in die die Gruppen genau die gleiche Auswahl an Gegenständen einordnen müssen. Kriterien für den Sieg sind die benötigte Zeit und natürlich die Fehlerquote. Anschließend sollte ebenfalls eine gemeinsame Auswertung erfolgen.

Beispiel für Tabelle

	potent. Energie	elektr. Energie	innere Energie	chem. Energie	kinet. Energie
potent. Energie					
elektr. Energie					
innere Energie					
chem. Energie					
kinet. Energie					

5 Energie

Klasse: 7

Thema: **Energieumwandlung**

5.2 Potentielle und kinetische Energie

Ort: Pausenhof, Spielplatz, Sporthalle
Material: Sport- und Spielgeräte

Beschreibung: Die Schüler schaukeln, springen, schwingen auf der Schaukel, dem Trampolin, am Seil und verändern damit fortlaufend ihren Energiezustand.

Variante: verschiedene Geräte einer Sporthalle oder eines Spielplatzes nutzen: z. B. Schwingen an der Reckstange (Linkert, 2017, S. 50)

Aufgaben:

Beschreibe deine Beobachtung mithilfe der Fragen!
Wie ändert sich die Geschwindigkeit während des Schaukelns, Wippens, Springens und Schwingens?
Wann bist du am schnellsten, wann bist du am langsamsten?
Bist du auch mal nicht in Bewegung? An welchem Ort ist das so?
Wann hast du die größte kinetische Energie?
Wann hast du die größte potentielle Energie?
Woher kommt die Energie deiner Bewegung?

5 Energie Klasse: 7-9

Thema: **Energieumwandlung**

5.3 Kraftwerke

Ort: Unterrichtsraum
Material: Leine, Wäscheklammern

Beschreibung: Die Schüler nehmen sich Begriffskarten mit Energiearten, Energieträgern, Umwandlungsprozessen und wichtigen Kraftwerksteilen. Sie erhalten die Aufgabe, die Begriffe einander zuzuordnen und dann an der Leine eine logische Kette zu bilden.
Im Anschluss werden die Vorgänge erklärt.

Varianten:

- Wärmekraftwerk
- Wasserkraftwerk
- Kernkraftwerk
- Windkraftwerk
- Solarkraftwerk
- Bio-Kraftwerk
- Blockheizkraftwerk

Die Schüler stellen in verschiedenen Gruppen die logischen Ketten auf, erklären den anderen Gruppen ihre Kraftwerksart und vergleichen sie.

Wärmekraftwerk

Fossile Brennstoffe	Kohle	Erdöl	Erdgas	Energieträger

Verbrennung	Umwandlung von chemischer in thermischer Energie	Wasserdampf	thermische Energie	Umwandlung von thermischer in kinetische Energie

Turbine	Reibungsarbeit und Beschleunigungsarbeit	Generator	Energieübertragung	Umwandlung von kinetischer in elektrische Energie

Relativbewegung von Spule und Magnet	Kühlkreislauf	Abwärme	thermische Energie	Wirkungsgrad

aufgewandte Energie	genutzte Energie			

5 Energie

Klasse: 7-11

Thema: **Energieumwandlung**

5.4 Mechanische Leistung

Ort: Unterrichtsraum, Schulgebäude
Material: Maßband, Zollstock, Stoppuhr, Personenwaage, Hanteln, Steppbrett

Beschreibung: Welche körperliche Leistung erbringt ein Schüler in 30 Sekunden? Ziel ist es, innerhalb von 30 Sekunden sich so oft wie möglich auf einer Treppenstufe auf- und abwärts zu bewegen. Der Schüler hat dabei nacheinander mit den Füßen die jeweilige Stufe zu berühren (oben-oben-unten-unten). Danach wird die erbrachte Leistung errechnet.

Varianten:

- Die Schüler üben partnerweise an der Schultreppe. Ein Schüler übt, der andere zählt.
- Die Schüler vergleichen ihre Leistung mit der Leistung eines Gewichthebers, der innerhalb 0,5 Sekunden 200 Kilogramm über Körperhöhe hebt (s. Rückseite).
- Stationsarbeit: (1) Kniebeuge (2) Bizeps-Curls (3) Liegestütze (4) Steps (s. Arbeitsblatt 3), (Linkert, 2017, S. 51)

Aufgaben:

Vergleiche deine Leistung mit der Maximalleistung eines Gewichthebers, der in 0,5 Sekunden 200 Kilogramm über Körperhöhe hebt.
Beispielrechnung:

$$P_{\text{Gewichtheber}} = \frac{W}{t} = \frac{E_{\text{pot}}}{t} = \frac{200\,\text{kg} \cdot 2\,\text{m} \cdot 9{,}81\,\frac{\text{m}}{\text{s}^2}}{0{,}5\,\text{s}} = 7848\,\text{W}$$

$$P_{\text{Schüler}} = \frac{W}{t} = \frac{E_{\text{pot}}}{t} = \frac{50\,\text{kg} \cdot 10\,\text{m} \cdot 9{,}81\,\frac{\text{m}}{\text{s}^2}}{30\,\text{s}} \approx 164\,\text{W}$$

$s = N \cdot h = 50 \cdot 0{,}2\,\text{m} = 10\,\text{m}$ mit N…Anzahl der Versuche
h …Treppenhöhe

5 Energie

Klasse: 8-10

Thema: **Energieumwandlung**

5.5 Standsprung

Ort: Unterrichtsraum, evtl. Sporthalle
Material: Waage, Bandmaß, Kreide, evtl. Minitramp/Sprungbrett

Beschreibung: Ein Schüler steht vor einer Wand und streckt seinen Arm senkrecht nach oben. Nun springt er ab und berührt die Wand (s. Rückseite). Der Partner misst den Abstand zwischen den zwei Punkten. Nach der zusätzlichen Ermittlung des Gewichtes, kann folgende Frage geklärt werden:
Welche Energie muss die Beinmuskulatur aufbringen?

Variante: Minitramp/Sprungbrett in der Sporthalle als Sprunghilfe benutzen, um den Einfluss anderer Energien zu erkennen

Standsprung – Reichsprung

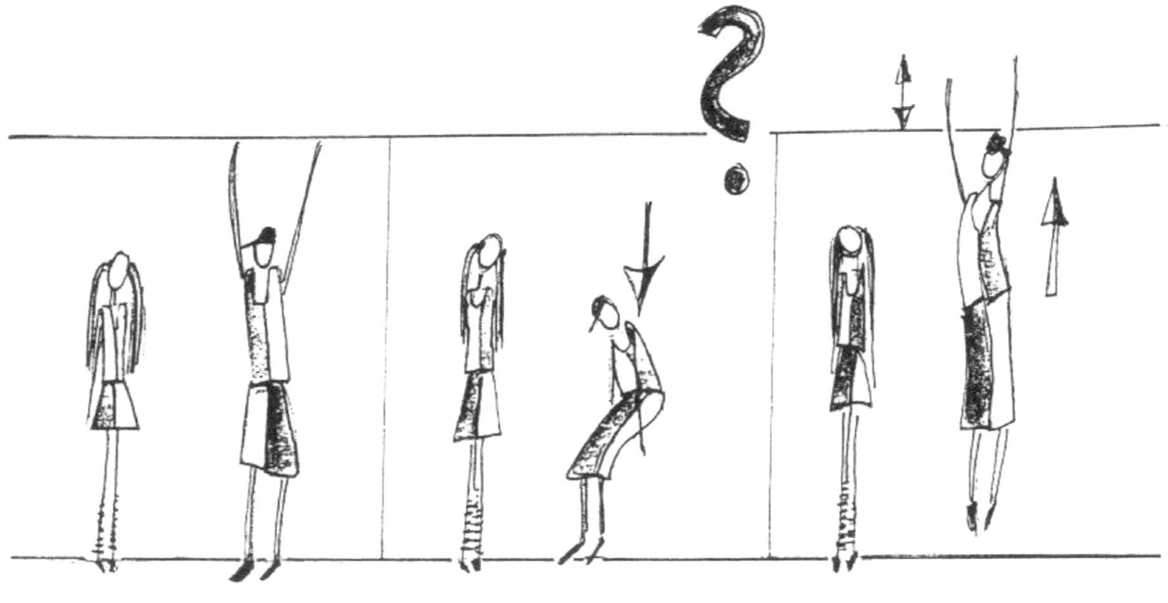

5 Energie

Klasse: 11

Thema: **Energieumwandlung**

5.6 Newton Pendel

Ort: Unterrichtsraume
Material: -

Beschreibung: Drei Schüler stehen eng Schulter an Schulter. Sie spannen ihren Körper an. Durch das Rempeln (Kraftstoß) eines vierten Schülers mit der Schulter an einen außen stehenden Schüler wird der andere äußere Schüler aus der Reihe geworfen.

Varianten:

- Die Schülerzahl in der Reihe wird verringert oder vergrößert.
- Zwei Schüler rempeln gemeinsam. Dadurch werden auch zwei Schüler aus der Reihe geworfen.
- Viele Schüler stehen in eine Reihe. Der Impuls kommt trotz Rempelns nicht am Ende der Reihe an. (Linkert, 2017, S. 42)

Aufgaben:

Beschreibe deine Beobachtungen mithilfe der Fragen!
Was spürst du, wenn du angerempelt wirst? Was spürst du, wenn du rempelst?
Was ändert sich mit der Anzahl der Personen, die rempeln?
Was ändert sich mit der Anzahl der Personen, die angerempelt werden?
Was passiert, wenn viele Personen in einer Reihe stehen und angerempelt werden?

6 Weltbild

Klasse: 11

Thema: **Weltall, Erde, Mensch**

6.1 Alles dreht sich

Ort: Unterrichtsraum, Pausenhof

Material: je zwei beschriftete Blätter mit der Aufschrift Erde, Sonne, Mond sowie der Planetennamen

Beschreibung: Zwei Gruppen erhalten die Aufgabe, das geozentrische Weltbild des Ptolemäus bzw. das heliozentrische Weltbild modellhaft darzustellen. Dabei übernimmt jeweils ein Schüler die Rolle der Erde, einer die der Sonne, einer die des Mondes sowie einige die der Planeten, gekennzeichnet durch beschriftete Schilder, die sie in der Hand halten. Die Schüler sollen sich nun überlegen, wer sich um wen dreht. Dabei sind wichtige Eigenschaften, wie Bahnform, Entfernungen (symbolhaft!), Umlaufzeiten bzw. -geschwindigkeiten sowie etwaige Besonderheiten, beispielsweise die größere Umlaufgeschwindigkeit der Erde in Sonnennähe, zu berücksichtigen. Nach einer gewissen Probezeit führen sich die Gruppen gegenseitig ihr Modell vor. Es sollte jeweils eine Auswertung folgen, in der Fehler, Probleme, aber auch gute oder originelle Ideen diskutiert und Ergänzungen angebracht werden.

Varianten:

- Die Aufgabenstellung kann erweitert werden, indem die internationale Raumstation ISS mit eingebracht wird oder indem beispielsweise Sonnen- und Mondfinsternis statisch dargestellt werden.
- In einer einfachen Form (Erde dreht sich um sich selbst, Mond um Erde, beide um Sonne) ist das Beispiel bereits in Klasse 6 einsetzbar.
- Als Kennzeichnung der Sonne kann eine Taschenlampe verwendet werden.
- Auf dem Schulhof besteht die Möglichkeit, die Größenverhältnisse bei der Anordnung der Planeten maßstabgerecht nachzustellen.

6 Weltbild

Klasse: 7-10/12

Thema: **Weltall, Erde, Mensch**

6.2 Unser Planetensystem

Ort: Unterrichtsraum, evtl. Schulhof
Material: Maßband, Kreide, evtl. Klebeband, Zeitungspapier, Holzkugeln u. a.

Beschreibung: Nach dem Vermessen des Schulhofes stellen die Schüler die Entfernungen der Planeten zur Sonne und zueinander maßstäblich dar.

Varianten:

- Die Schüler tragen in Gruppen Wesentliches zu einem der Planeten zusammen. Sie gehen dann die einzelnen Stationen ab und informieren sich.
- Die Schüler stellen im Unterrichtsraum die Größenverhältnisse der Planeten dar. (Verwendung von Klebeband und Zeitungspapier, das zu Kugeln geformt wird, Holzkugeln, Knete, Stecknadeln ...)
- Nach einer passenden Entspannungsgeschichte (s. Rückseite) können Bilder der Planeten gezeigt werden und die Schüler überlegen, welche sie wiedererkennen. Diese Form kann auch als Einstieg zur Behandlung der Unterschiede bei der Gewichtskraft auf den Planeten verwendet werden.

Eine Reise durch unser Sonnensystem

Entspannungsgeschichte in Verbindung mit dem Unterrichtsstoff in Physik, (Vogel, 2005)

„Wir setzen uns bequem hin und schließen die Augen. Stellt euch vor, ihr seid in einem hochentwickelten Raumschiff und fliegt von der Erde zur Sonne, von wo aus ihr die Planeten unseres Sonnensystems nach und nach anfliegt.

Die *Sonne*, die auf der Erde überhaupt Leben ermöglicht, ist ein großer Stern. Sie ist etwa 1 Million mal so groß wie die Erde und hat eine Oberflächentemperatur von ca. 6000 Grad Celsius. Nachdem wir die Sonne umkreist haben, um Schwung zu holen, reisen wir der Reihe nach zu den Planeten. Nach kurzer Zeit und etwa 50 Millionen Kilometern erreichen wir als erstes den *Merkur*. Als zweitkleinster Planet im ganzen Sonnensystem kommt er uns vom Raumschiff aus winzig vor, wo wir doch gerade noch die riesige Sonne umkreist haben. Wir spüren noch die Hitze, die die Sonne abgibt und freuen uns, dass wir nicht bei den 350 Grad Celsius aussteigen müssen, die dort tagsüber herrschen.

Wir lassen nun den kraterzerfurchten Merkur hinter uns und fliegen weiter zum nächsten Planeten - der *Venus*. Als wir uns ihr nähern, stellen wir fest, dass wir diesen Planeten eigentlich nicht direkt sehen können! Die ganze Oberfläche ist von Wolken aus verschiedenen Gasen, besonders Kohlendioxid, verdeckt und wir können nur erahnen, dass unter diesen nebelähnlichen Schleiern eine hügelige und bergige Landschaft steckt.

Doch unsere Blicke wenden sich schon wieder von der Venus weg - hin zur *Erde,* die als nächstes zu sehen ist. Hier versteckt sich die Oberfläche nur an einigen wenigen Stellen hinter Wolken und wir sind völlig sprachlos über das beeindruckende Bild, welches uns hier geliefert wird. Blaues Wasser, grüne und gelbe Landschaften - alles liegt so winzig unter uns, wo uns sonst doch alles so riesig erscheint! Wir versuchen dieses beeindruckende Bild im Gedächtnis zu behalten, denn schon liegt die Erde als kleine „Kugel" hinter uns und der *Mars* begrüßt uns bereits von Weitem mit seiner roten Farbe. ... (Fortführung in Müller & Petzold, 2014, S. 159-160, dabei beachten, dass Pluto nicht mehr als Planet eingeordnet wird)

6 Weltbild **Klasse: 8-10/12**

Thema: **Weltall, Erde, Mensch**

6.3 Diskutieren – einmal anders!

Ort: Unterrichtsraum
Material: -

Beschreibung: Die Diskussion von Problemen, z. B. „Werden wir auf dem Mars leben können?“, muss nicht im Sitzen erfolgen. Gespräche können im Stehen, im Gehen, in anderen Sitzpositionen (s. Rückseite) geführt werden.

Variante: auf andere Themenbereiche übertragbar

Diskutieren – einmal anders!

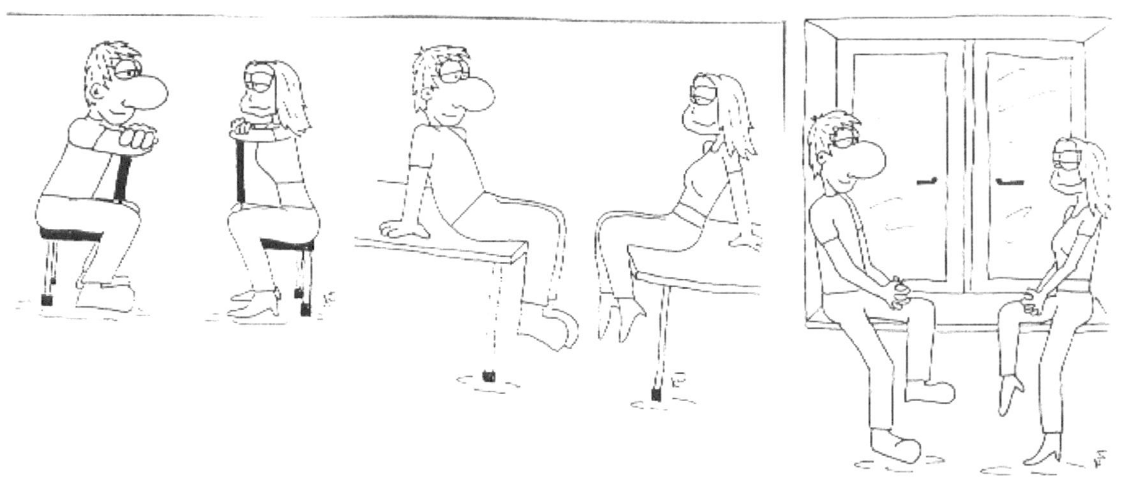

7 Übergreifend **Klasse: 6-10**

Thema: **übergreifend**

7.1 Teilchenmodell

Ort: Unterrichtsraum
Material: -

Beschreibung: Die Schüler stellen die Teilchen eines Körpers/Stoffes bei Raumtemperatur dar. Sie fassen sich an (fester Körper), bewegen sich an ihrem Platz hin und her (Flüssigkeit), bewegen sich frei im Raum (Gas). Der Lehrer nennt nacheinander verschiedene Stoffe. Die Schüler reagieren darauf. (Linkert, 2017, S. 43-44)

Varianten:

- Die Schüler stellen …
  - die verschiedenen Aggregatszustände nur eines Stoffes dar.
  - durch die Intensität ihrer Bewegung Temperaturänderungen dar.
  - durch die Weite der Bewegung Temperaturänderungen dar.
  - die verschiedenen Aggregatszustände unter Beachtung der Anomalie des Wassers dar.
- Der Lehrer denkt sich eine Bewegungsgeschichte aus und erzählt sie.
- Zwei Gruppen denken sich je eine Bewegungsgeschichte aus und führen sie auf.

Aufgaben:

Beschreibe deine Beobachtungen mithilfe der Fragen!
Wie fühlt es sich an, einen festen/flüssigen/gasförmigen Stoff darzustellen?
Wie verändern sich die Verbindungen untereinander, von einem zu einem anderen Aggregatszustand?
Wie ändert sich die Geschwindigkeit eurer Bewegung bei Temperaturerhöhung?
Wie ändert sich der Abstand untereinander bei Temperaturverringerung?

7 Übergreifend **Klasse: 6-8**

Thema: **übergreifend**

7.2 Rechne um!

Ort: Unterrichtsraum
Material: Softball o. Ä.

Beschreibung: Kleingruppen spielen sich einen Softball zu. Ein Spieler nennt eine Aufgabe, der angespielte Schüler sagt die Lösung.

Varianten:

- Größen und Formelzeichen
- Größen und Einheiten
- Größen und Definitionen
- Größen und Formeln zur Berechnung
- Umrechnungen von Einheiten

Aufgabenbeispiele

Zeit	Länge	Fläche
Rechne um: eine Stunde in Minuten und Sekunden!	*Rechne um:* ein Meter in Kilometer und Zentimeter!	*Rechne um:* ein Quadratmeter in Quadratzentimeter!
1 h = 60 min = 3600 s	1 m = 0,001 km = 100 cm	$1\ m^2 = 10000\ cm^2$
Geschwindigkeit	**Masse**	**Kraft**
Rechne um: 10 Meter pro Sekunde in Kilometer pro Sekunde!	*Rechne um:* ein Kilogramm in Gramm!	*Rechne um:* ein Newton in Kilonewton!
10 m/s = 36 km/h	1 kg = 1000 g	1 N = 0,001 kN
Druck	**Dichte**	**Volumen**
Rechne um: ein Bar in Pascal! (bzw. in kPa – MPa)	*Rechne um:* ein Gramm pro Kubikzentimeter in Kilogramm pro Kubikmeter!	*Rechne um:* ein Liter in Kubikzentimeter!
1 bar = 100 000 Pa	$\frac{1g}{cm^3} = \frac{1000\ kg}{m^3}$	$1\ l = 1000\ cm^3$

7 Übergreifend **Klasse: 6-10/12**

Thema: **übergreifend**

7.3 Richtig oder falsch?

Ort: Unterrichtsraum
Material: -

Beschreibung: Der Lehrer nennt Aussagen (z. B. zur Wärmeübertragung). Die Schüler gehen durch den Raum/oder am Platz. Stimmen sie der Aussage zu, gehen sie weiter. Finden sie die Aussage falsch, bleiben sie stehen. Falsche Aussagen werden gemeinsam korrigiert und begründet.

Variante: Beispiele s. Rückseite

Mögliche Aussagen:

- Die Momentangeschwindigkeit ist die Geschwindigkeit, die man im Augenblick hat. √
- Die Durchschnittsgeschwindigkeit ist der gesamte zurückgelegte Weg in einem Teil der dafür benötigten Zeit. *f*
- Der Druck ist die Kraft, die auf ein bestimmtes Volumen wirkt. *f*
- Wenn eine Kraft auf einen Körper wirkt, wird dieser nur verformt. *f*
- Die Leistung beschreibt, wie schnell eine Arbeit verrichtet wird. √
- Reibung ist der Vorgang, bei dem zwischen einander berührenden und sich gegenseitig bewegenden Körpern Kräfte auftreten, die die Bewegung hemmen. √
- Gleitreibung tritt auf, wenn ein Körper auf einem anderen gleitet. √
- Ein Körper befindet sich in Ruhe bzw. gleichförmig geradliniger Bewegung, solange eine Kraft auf ihn wirkt. *f*
- Kraft ist Masse pro Beschleunigung. *f*
- Die Wirkungen von Kraft sind Verformung und Beschleunigung (schließt Richtungsänderung ein). √

Thema: **übergreifend**

7.4 Lückentexte

Ort: Unterrichtsraum
Material: Aufgabenkarten

Beschreibung: Im Raum hängen/liegen Werte für Tabellen aus, in denen z. B. physikalische Größen des elektrischen Stromkreises erst noch ergänzt werden müssen. Der Schüler merkt sich die gegebenen Werte, berechnet am Platz die fehlende Angabe und vergleicht sein Ergebnis mit der Rückseite, auf der sich die vollständige Tabelle befindet. So arbeitet er die gesamte Tabelle ab.

Varianten: s. Rückseite

Lückentexte

U (in V)	30	2		5	80	
I (in A)	0,3		2,5	0,02		0,2
R (in Ω)		5	100		8	1100
Einzusetzen:	*10*	*0,4*	*250*	*250*	*10*	*220*

s (in cm)		0,486	135	21,6		437,4
t (in s)	0,9	1,8		3,6	4,5	
v (in m/s)	0,27		9	12	1,35	16,2
a (in m/s)	0,3	0,3	0,3		0,3	0,3
Einzusetzen:	*12,15*	*0,54*	*30*	*3,33*	*3,0375*	*54*

s (in m)	0,2	0,4		0,8	1,0	
t (in s)	4		12		20	24
v (in m/s)		0,05	0,05	0,05		0,05
Einzusetzen:	*0,05*	*8*	*0,6*	*16*	*0,05*	*1,2*

Thema: **übergreifend**

7.5 Wer gehört zu wem?

Ort: Unterrichtsraum

Material: Klebeband und einige kleine Zettel, auf denen je eine charakteristische Größe von Translation oder Rotation notiert ist, paarweise Zuordnung muss möglich sein:
Länge - Winkel, Masse - Trägheitsmoment, Geschwindigkeit - Winkelgeschwindigkeit, Impuls - Drehimpuls, Kraft - Drehmoment, kinetische Energie - Rotationsenergie

Beschreibung: Jeder Schüler zieht einen Zettel und klebt ihn seinem Nachbarn mit Klebeband auf die Stirn, so dass dieser ihn nicht sieht, die physikalische Größe für die anderen aber gut lesbar ist. Die Schüler bewegen sich ohne zu sprechen durch den Raum, mit dem Ziel, den zum eigenen Zettel gehörenden Partner mit der entsprechenden Größe herauszufinden. Da aber niemand seine Größe selbst lesen kann, muss jeder die Größe der anderen einander zuordnen; derjenige, für den man keine zugehörige Größe findet, kann nur der eigene Partner sein.

Variante: Das Spiel kann auch mit anderen physikalischen Größen und der dazugehörigen Einheit durchgeführt werden.

Physikalische Größen und dazugehörige Einheiten

Weg	*Fläche*	*Volumen*	*Zeit*
m	m^2	m^3	s

Geschwindigkeit	*Beschleunigung*	*Masse*	*Kraft*
m/s	m/s^2	kg	N

Arbeit	*Leistung*	*Druck*	*Impuls*
J	W	Pa	Ns

Dichte	*Trägheitsmoment*	*Drehimpuls*	*Frequenz*
g/cm^3	$kg\ m^2$	Nms	Hz

Thema: **übergreifend**

7.6 Erkläre!

Ort: Unterrichtsraum
Material: Material für Versuche, Karten mit Versuchsbeschreibung sowie Erklärung, evtl. ABC-Listen

Beschreibung: Auf jedem Tisch ist ein Versuch aufgebaut. Eine Beschreibung für die Durchführung liegt dabei. Die Schüler führen (paarweise) den Versuch durch und erklären sich diesen gegenseitig. Anschließend suchen sie im Raum die entsprechende Karte mit der Erklärung, vergleichen und fertigen sich Notizen an.

Varianten:

- Auf einem Arbeitsblatt können die Nummern der Versuche den Buchstaben, die sich auf den Karten bei den Erklärungen befinden, zugeordnet werden.
- ABC-Listen (s. Rückseite)

ABC-Listen

In der Folgestunde kann die Festigung durch das Abrufen als ABC-Liste erfolgen.

- Jeder Schüler überlegt sich zu jedem Buchstaben einen Begriff, der zur Thematik der letzten Stunden passt.
- Die noch vorhandenen Lücken können gemeinsam mit einem Partner gefüllt werden (evtl. noch ein weiteres Paar suchen und zu viert vergleichen).
- Im Anschluss kann im Klassenverband noch Fehlendes ergänzt werden.
- Diese Möglichkeit eignet sich gut als Einstieg in die vertiefte Betrachtung von einzelnen Themen.

7 Übergreifend

Klasse: 6-10/12

Thema: **übergreifend**

7.7 Wir spielen ...

Ort: Unterrichtsraum
Material: entspr. der Beispiele

Beschreibung: In Kleingruppen überlegen sich die Schüler, wie Situationen, in denen Physiker wesentliche Entdeckungen gemacht haben, szenisch gestaltet werden könnten und spielen dies den anderen Gruppen vor, z. B. Archimedes und die Krone.

Varianten: s. Rückseite

Beispiele für szenisches Spiel:

- *Archimedes*: Auftrieb (Krone)
- *Otto von Guericke:* Luftpumpe, Magdeburger Halbkugel
- *James Watt:* Dampfmaschine
- *Isaac Newton:* Gravitationsgesetz (Apfel)
- *Johannes Kepler:* Planetenbewegung
- *Galileo Galilei:* Freier Fall
- *Michael Faraday:* Induktion
- *H. Geiger, W. Müller:* Geiger-Müller-Zählrohr
- *Thomas Alva Edison:* Glühlampe

Thema: **übergreifend**

7.8 Was ist das?

Ort: Pausenhof, Turnhalle
Material: Gerät zum Abspielen von zur Bewegung anregender Musik, Kreide

Beschreibung: Auf dem Schulhof wird mit Kreide ein Spielfeld aufgezeichnet, das in ca. 10 kleinere Bereiche unterteilt ist. In jedem Bereich steht das Formelzeichen einer physikalischen Größe, praktischerweise alle aus einem Stoffgebiet (s. Rückseite). Paarweise bewegen sich die Schüler nach Musik, dabei soll sich in jedem Feld gleichzeitig nur ein Paar befinden. Bei Musikstopp bleiben alle abrupt stehen. Die Zweierteams tragen zu ihrem Formelzeichen Name, Einheit und physikalische Bedeutung zusammen.

Varianten:
- statt Formelzeichen Namen oder Einheit schreiben – Paare sollen ergänzen
- Zustandsgrößen der Thermodynamik, Größen von Translation und Rotation oder Größen der Elektrizitätslehre, der Optik oder des elektrischen und des magnetischen Feldes verwenden

Abbildung für Schulhof

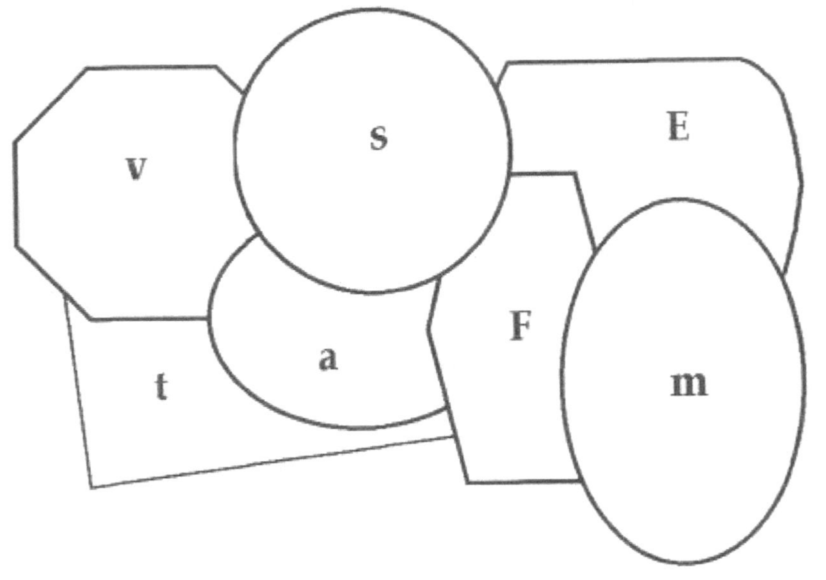

Thema: **übergreifend**

7.9 Grundbegriffe

Ort: Unterrichtsraum
Material: Karten mit Begriffen und Erklärungen

Beschreibung: Vorbereitend fertigen die Schüler Karten mit Begriffen (Vorderseite) und entsprechenden Erklärungen auf der Rückseite an. Partnerweise nennen sich die Schüler den jeweiligen Begriff und erklären diesen. Sie schreiben sich Begriff und Erklärung des Partners auf und kontrollieren. Die Karten werden getauscht und ein neuer Partner gesucht.

Varianten:

- Begriff und Erklärung auf getrennte Karten schreiben und diese als Gruppenaufgabe sortieren, d. h. Begriff und zugehörige Erklärung nebeneinander legen.
- Die Karte enthält einen Begriff, auf der Rückseite aber die Erklärung eines anderen Begriffes. Dies führt zu einem Kettenspiel. Ein Begriff wird in der Gruppe genannt, ein anderer Schüler liest die Erklärung vor und nennt den neuen Begriff.

Begriffe und Erklärungen

Arbeit	**Mechanische Energie**	**Leistung**
Arbeit kennzeichnet den Vorgang, bei dem ein Körper längs des Weges durch eine Kraft bewegt oder verformt wird.	Mit der Energie wird das Arbeitsvermögen mechanischer Systeme gekennzeichnet. Man unterscheidet potentielle und kinetische Energie.	Die Leistung beschreibt, wie schnell eine Arbeit verrichtet wird.
Kraftstoß	**Impuls**	**zentraler Stoß**
Der Kraftstoß kennzeichnet den Prozess der Impulsänderung = vektorielle Prozessgröße. Der Kraftstoß beschreibt die Wirkung einer Kraft in Abhängigkeit von der Zeit.	Der Impuls ist eine vektorielle Zustandsgröße und kennzeichnet den Bewegungszustand eines Körpers in Abhängigkeit von seiner Masse und Geschwindigkeit. (Unterschied zur $E_{kin} = \frac{m}{2} v^2$ $\rightarrow$ skalare Größe)	Der zentrale Stoß ist ein Aufeinandertreffen zweier Körper, die sich auf der Verbindungsgeraden ihrer Schwerpunkte bewegen.

Thema: **übergreifend**

7.10 Ich merke mir ...

Ort: Unterrichtsraum, Schulhaus
Material: Merkblätter

Beschreibung: Im Raum hängen/liegen Merkblätter mit physikalischen Größen, deren Bedeutung, dem Formelzeichen/der Gleichung und der Maßeinheit aus. Die Schüler gehen zu einem Blatt, prägen sich die Angaben ein und ordnen sie am Platz in eine Tabelle ein. Anschließend können sie vergleichen und suchen sich ein neues Merkblatt.

Variante: auf andere Themen übertragbar

Beispiele zu physikalische Größen

Physikalische Größen	**Physikalische Bedeutung**	**Formelzeichen/Gleichung**	**Einheit**
Temperatur	Die Temperatur gibt an, wie kalt bzw. wie heiß ein Körper ist bzw. Maß für Bewegungsenergie der Moleküle	ϑ T	1 °C 1 K
Energie	Energie ist die Fähigkeit, mechanische Arbeit zu verrichten, Wärme abzugeben oder Strahlung auszusenden.	E	1 J
Wärme	Wenn ein fester oder flüssiger Körper Wärme abgibt oder aufnimmt, ändert sich seine thermische Energie und damit auch seine Temperatur.	Q $Q = c \cdot m \cdot \Delta\ T$	1 J
Thermische Leistung	Die thermische Leistung gibt an, wieviel Wärme in 1 s abgegeben wird.	P_{th} $P_{th} = \frac{Q}{t}$	1 W

(Liebers & Wilke 1992, S. 162)

Thema: **übergreifend**

7.11 Sprüche finden

Ort: Unterrichtsraum, Schulhaus
Material: Kartenmaterial (Beispiel s. Rückseite)

Beschreibung: Die Schüler bilden Gruppen und bekommen jeweils einen Kartenstapel. Die eine Stapelhälfte enthält Begriffe und Nummern, die andere die Erklärungen. Auf beiden Kartenarten befinden sich außerdem Buchstaben.
Die Schüler sortieren nun in den Gruppen die Begriffe den Nummern nach untereinander auf dem Tisch. Die jeweils passenden Erklärungen werden daneben gelegt. Nach dem richtigen Zuordnen ergibt sich dann aus den hintereinander zu lesenden Buchstaben ein Spruch. Sieger ist die Gruppe, die den Spruch zuerst gefunden hat.

Beispiele

Oerstedt **(D)**	Elektrische Ströme üben Kräfte auf Magnetnadeln aus! **(A)**	**Faraday** **(R)**	ein stromdurchflossener Leiter erfährt im Magnetfeld eine Kraft **(DA)**
Lorentzkraft **(S)**	Kraft auf elektrisch geladene Teilchen, die sich in einem Magnetfeld bewegen **(LE)**	**Induktion** **(R)**	in einer Spule wird eine Spannung induziert, wenn sich das von ihr umfasste Magnetfeld ändert **(A)**
Lenzsche Regel **(B)**	der Induktionsstrom ist so gerichtet, dass er der Ursache seiner Entstehung entgegenwirkt **(E)**	**Transformator** **(U)**	U1 : U2 = N1 : N2 (unbelastet) **(S)**
Selbstinduk-tion **(N)**	eine Änderung der Stromstärke durch eine Spule erzeugt in ihr selber eine Induktionsspannung **(I)**	**Gleichstrom** **(M)**	die Elektronen bewegen sich in eine Richtung, vom Minus- zum Pluspol **(A)**
Wechselstrom **(S)**	Änderung von Richtung und Betrag der Stromstärke zeitlich periodisch. „Sinuskurve" **(T)**	**Induktivität** **(C)**	gibt an, wie stark die Änderung der Stromstärke von der Spule behindert wird **(H)**
Elementar-magnet **(D)**	kleinste Magnete in Magnetit oder ferromagnetischen Stoffen **(AS)**	**Magnetisieren** (E)	im äußeren Magnetfeld richten sich die Elementarmagnete in ferromagnetischen Stoffen aus **(N)**
Entmagneti-sieren **(W)**	durch Erschütterungen und starkes Erhitzen wird die Ausrichtung der Elementarmagnete rückgängig gemacht **(A)**	**Eigenschaften von Magneten** **(Henry)**	beim Teilen entstehen immer neue Magneten **(Miller)**
Ferromagneti-sche Stoffe **(S)**	Eisen, Nickel, Kobalt **(WI)**		

Thema: **übergreifend**

7.12 Bewegte Vorträge

Ort: Unterrichtsraum
Material: entsprechend des konkreten Beispiels

Beschreibung: Einzelne Schüler oder Gruppen erhalten langfristig den Auftrag, sich auf einen Vortrag zu einem bestimmten Thema vorzubereiten. Sie werden angeregt, entsprechende Medien (z. B. PowerPoint) einzusetzen und Formen des bewegten Lernens einzuplanen.

Variante: Vor oder nach dem Vortrag können auch Auflockerungsminuten oder Entspannungsphasen von diesen Schülern mit der Klasse durchgeführt werden.

Arbeitsblatt 1: Energie im Alltag (Arbeit in Kleingruppen, Beispiel 3.1.) **Kl. 7-8**

Emilias Familie muss jedes Jahr mehr für die Begleichung ihrer Stromrechnung zahlen. Um die steigenden Kosten zu senken, beschließen sie, gemeinsam Energie zu sparen. Dafür wenden sie sich an einen Energieberater. Stellt euch vor, dass ihr Energieberater seid. Entwickelt Vorschläge, wie Emilia und ihre Familie Energie sparen könnten.

1. Notiert verschiedene Elektrogräte aus der Hausaufgabe, die Emilia und ihre Familie wahrscheinlich auch nutzen. (Tabelle s. Rückseite)
2. Jedes einzelne Haushaltsgerät verbraucht nicht sehr viel Energie, die Summe macht es. Vergleicht den Energieverbrauch ausgewählter Elektrogeräte. Stellt den Anteil des Verbrauches der Geräte am Gesamtenergieverbrauch in einem geeigneten Diagramm dar. Hilfe 1 und 2
3. Diskutiert, auf welche Geräte Emilia und ihre Familie verzichten könnten. Unterbreitet Alternativen.
4. Emilia hat in ihrer Schreibtischlampe noch eine 60 W-Glühlampe. Berechnet die Kosten, die entstehen, wenn Emilia das Licht 12 Stunden am Tag anlässt. Die Kilowattstunde kostet 0,17 Cent. Berechnet , wie viel sie dafür bezahlen muss und was sie an Kosten spart, wenn sie stattdessen eine Energiesparlampe mit 12 W verwendet. Hilfe 2 und Herausforderung
5. Überlegt und notiert Möglichkeiten, wie Emilia und ihre Familie Energie sparen könnten.

Wählt unter folgenden Varianten aus:

- Verfasst ein Schreiben mit Vorschlägen zum Energiesparen für Emilias Familie.
- Bereitet ein Rollenspiel vor, in dem ein Energieberater Emilias Familie Tipps gibt.
- Fertigt in der Gruppe ein Plakat zum Energiesparen an und präsentiert es.
- Stellt in Einzel oder Partnerarbeit einen Flyer mit Energiespartipps zusammen und präsentiert ihn vor euren Mitschülern.

Die folg. Tabelle ist auf den durchschnittlichen Jahresverbrauch einer vierköpfigen Familie ausgelegt.

Gerät	**Häufigkeit der Verwendung**	**Leistung**	**Jahresverbrauch**
Geschirrspüler	5 x pro Woche	3000 W	580 kWh
Herd	1,2 x pro Tag	9600 W	610 kWh
Gefrierschrank	Dauerbetrieb	150 W	600 kWh
Waschmaschine	4 x pro Woche	3300 W	350 kWh
Wäschetrockner	4 x pro Woche	2600 W	450 kWh
Kühlschrank	Dauerbetrieb	120 W	400 kWh
Fernseher	3 Stunden pro Tag	100 W	110 kWh
Rundfunkgerät	2 Stunden pro Tag	20 W	15 kWh
Haarfön	4x pro Woche	400 W	30 kWh
Handmixer	10 Minuten pro Tag	120 W	10 kWh
elektr. Rasierapparat	5 Minuten pro Tag	10 W	0,30 kWh
elektr. Zahnbürste	8 x 2 Minuten pro Tag	2 W	0,20 kWh

Hilfe 1: https://www.die-stromsparinitiative.de/beratung/energieberatung-fuer-privathaushalte /index.html

Hilfe 2: http://stromsparcheck.stromeffizienz.de/

Herausforderung:

Viele elektrische Geräte haben einen Stand-by-Modus. Wie sind zwar aus, befinden sich aber in einem Wartebetrieb und verbrauchen Energie. Entspr. europäischer Vorschriften darf bei neuen Geräten seit 2014 die Leistungsaufnahme im Stand-by nicht größer als 1 W im Schein-aus-Zustand und 2 W im Stand-by-Modus inklusive Statusanzeige sein. (Quelle: dena Deutsche Energie-Agentur). Berechnet, wie viel Energie ein Fernseher mit 1 W Leistungsaufnahme im Stand-by-Betrieb im Jahr verbraucht. Ermittelt, wie viel man sparen kann, wenn

Arbeitsblatt 2: Ausbreitung von Schwingungen (Kleingruppen, Beisp. 1.34, 1.35) **Kl. 10-12**

Im Physikraum sind sechs unterschiedliche Versuchsstationen aufgebaut. Im Folgenden wird jeder Versuch kurz beschrieben. Bearbeitet bei der Versuchsdurchführung Aufgabe 1 und 2:

Aufgabe 1:
Notiert eure Beobachtung. (Jedes Gruppenmitglied macht eigene Notizen!)

Aufgabe 2:
Diskutiert eure Beobachtungen. Welche Erklärung gibt es für das Versuchsergebnis?
Notiert eure Überlegungen.

Station 1
Bei der gegebenen Versuchsanordnung sind Pendel an einer Stativstange aufgehängt. Versetzt das erste einzelne Pendel in harmonische Schwingungen und beobachtet das Verhalten aller Pendel.

Station 2
Bei der gegebenen Versuchsanordnung wurden zwei identische Fadenpendel aufgehängt. Diese sind außerdem miteinander verbunden (in der Physik spricht man auch von einer Kopplung). Regt ein Pendel zu einer harmonischen Schwingung an und beobachtet, wie sich die Pendel verhalten.

Station 3

Bei der gegebenen Versuchsanordnung wurden zwei Fadenpendel unterschiedlicher Länge aufgehängt. Diese sind außerdem miteinander verbunden (in der Physik spricht man auch von einer Kopplung). Regt ein Pendel zu einer harmonischen Schwingung an und beobachtet, wie sich die Pendel verhalten.

Station 4

In dieser Station sind zwei Stimmgabeln gegeben. (Die Anordnung der Stimmgabeln nicht verändern!)
Schlagt die erste Stimmgabel an. Haltet dann die angeschlagene Stimmgabel fest.
Bringt an einer Stimmgabel Knetmasse an. Damit wird die Frequenz dieser Stimmgabel verändert.
Wiederholt den Vesuch von eben. Ursprünglichen Aufbau vor Verlassen der Station wiederherstellen!

Station 5

Bei der gegebenen Versuchsanordnung handelt es sich um ein Schnurtelefon.
Probiert aus, unter welchen Voraussetzungen du deine Mitschüler durch das Telefon hören kannst.

Station 6

In dieser Station sind zwei Gläser und ein Löffel gegeben. Ein Glas ist mit Wasser gefüllt.
Schlagt das leere Glas mit dem Löffel an. Danach feuchtet einen Finger an und fahrt damit leicht über den Glasrand. Vergleicht beide Töne.
Haltet nun den Löffel leicht gegen das Glas, während der Finger über den Glasrand fährt.
Führt den gleichen Versuch mit dem gefüllten Glas durch. Beobachtet die Wasseroberfläche, besonders auch am Rand.

Arbeitsblatt 3 : Stationen zur Leistungsmessung (Kleingruppen, Beispiel 5.4) **Kl.: 7-11**

Benötigte Materialien: Maßband, Zollstock, Stoppuhr, Personenwaage, Hanteln, Steppbrett

Station 1: Leistungsmessung bei Kniebeugen

Ein Grupenmitglied macht innerhalb einer Minute so viele Kniebeugen wie möglich. Bestimmt vorher die Differenz der Höhe des Bauchnabel-Schwerpunktes in Ausgangsstellung und in tiefer Stellung bei der Beugehaltung (Hubhöhe).

Sportler	Masse in kg	Hohe in m	Zeit in s	Epot/Arbeit in J	Leistung P in W

Station 2: Leistungsmessung bei Bizep-Curls

Ein Gruppenmitglied bewegt die Hanteln oder Wasserflaschen aus dem Ellenbogen in einer Minute so oft wie möglich aus und ab, die anderen zählen mit und bestimmen die Hubhöhe. Der Aktive wählt dafür zuerst ein passendes Hantelgewicht aus. Bestimmt die Hubhöhe und die Gewichtskraft der Hantel. Hängt die erzielte Leistung vom Hantelgewicht ab? Führe den Versuch mit unterschiedlichen Gewichten durch! (Ruhepause dazwischen einhalten!)

Sportler	Hantelmasse in kg	Hubhöhe in m	Anzahl	Epot/Arbeit in J	Leistung P in W

Station 3: Leistungsmessung bei Liegestützen

Ein Gruppenmitglied macht innerhalb einer Minute so viele Liegestütze wie möglich. Bestimmt die Kraft, mit der sich das Gruppenmitglied beim Liegestütz mit beiden Händen auf der Personenwaage abstützt. Bestimmt an der Schulter die Hubhöhe. Ist die Leistung größer, wenn man nur die ersten 30 Sekunden wertet?

Sportler	Kraft in N	Hubhöhe in m	Anzahl	Epot/Arbeit in J	Leistung P in W

Station 4: Leistungsmessung beim Steigen auf ein Stepbrett

Ein Gruppenmitglied steigt eine Minute lang immer wieder auf ein Stepbrett (mit beiden Füßen aufrecht stehend!), die anderen zählen mit und nehmen die Zeit.
Bestimmt die Hubhöhe (Schwerpunkt-Bauchnabel) beim Hochsteigen und die Gewichtskraft.

Sportler	Masse in kg	Hubhöhe in m	Anzahl	Epot/Arbeit in J	Leistung P in W

Die gemessene Werte und die berechneten Leistungen werden für jeden Sportler in einer Tabelle eingetragen. Für die Spitzenreiter kann es eine kleine Belohnung geben.

Arbeitsblatt 4 : Kräfte (Arbeit in Kleingruppen, Beispiel 1.13) **Kl.: 7-8**

Führe die folgenden Versuche durch und skizziere sie.
Notiere alle Beobachtungen.
Gib Ursachen für die Beobachtungen an und vergleiche die Versuche mit einander.

<u>Station 1</u>
Eine Blattfeder liegt auf zwei Holzklötzen. Belaste sie mit einem Stein, biege sie mit der Hand durch oder verforme sie mit einem Magnet.

<u>Station 2</u>
Versetze einen ruhenden Wagen mit der Hand in Bewegung und bremse ihn wieder ab. Rolle ihn dann gegen eine Feder.
Beschreibe die Beobachtungen genau.

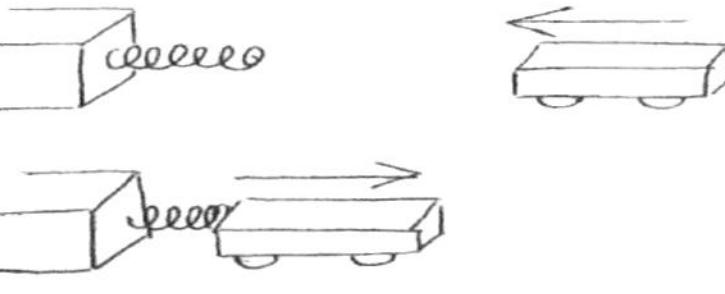

Station 3

Wirf mehrere gleiche Bälle aus Knetgummi nacheinander auf den glatten Boden.
Betrachte die Bälle hinterher und vergleiche die unterschiedlichen Würfe.

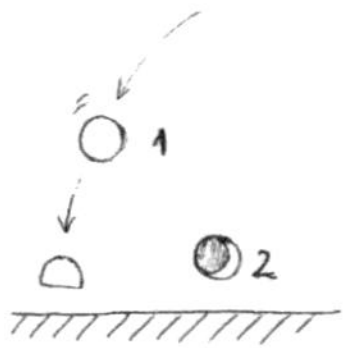

Station 4: Quaderhockey

Schiebe drei gleichgroße Quader, die aus unterschiedlichen Materielien bestehen (möglichst aus Stein, Holz, Karton) mit einer Stange an. Wende dafür immer die gleiche Kraft auf. Finde Ursachen für die unterschiedlichen Geschwindigkeiten und Weiten der Quader.

Station 5

Lass ein Spielzeugauto über den Tisch rollen und blase mit einem Föhn (kalt) aus verschiedenen Richtungen dagegen.

Station 6

Schiebe einen aufrecht stehenden Holzquader vorsichtig mit dem Finger an. Schiebe einmal unten in der Mitte, einmal oben in der Mitte und einmal unten an einer Seite jeweils etwa gleich stark.
Beschreibe die Unterschiede der drei Versuchsteile.

Zusatzstation

Je ein Schüler setzt sich auf einen der Wagen (z. B. Experimentierwagen oder Skateboard). Beide halten ein Seilende fest. EIN Schüler zieht. Beobachte die Folgen.

Zeitfracht Medien GmbH
Ferdinand-Jühlke-Straße 7
99095 Erfurt, Deutschland
produktsicherheit@kolibri360.de